花卉栽培养护新技术推广丛书

凤梨

Fengli 养花专家解惑答疑

王凤祥 主编

中国林业出版社

《凤梨·养花专家解惑答疑》分册

| 编写人员 | 王凤祥 蓝 民 王秀娇 刘志云

| 图片摄影 | 佟金成 马 箭

| 参加工作 | 王晓杰 贾占军

图书在版编目（CIP）数据

凤梨养花专家解惑答疑/王凤祥主编.—北京：中国林业出版社，2011.6

(花卉栽培养护新技术推广丛书)

ISBN 978-7-5038-6181-9

Ⅰ.①凤… Ⅱ.①王… Ⅲ.凤梨科－观赏园艺－问题解答 Ⅳ.①S682.39-44

中国版本图书馆CIP数据核字（2011）第090618号

策划编辑：李 惟 陈英君

责任编辑：陈英君

出 版：中国林业出版社（100009 北京西城区德内大街刘海胡同7号）

网 址：www.cfph.com.cn

E-mail：cfphz@public.bta.net.cn

电 话：(010）83224477

发 行：新华书店北京发行所

制 版：北京美光制版有限公司

印 刷：北京百善印刷厂

版 次：2011年6月第1版

印 次：2011年6月第1次

开 本：889mm × 1194mm 1/32

印 张：2.5

插 页：4

字 数：80千字

印 数：1～5000册

定 价：15.00元

前言

花是美好的象征，绿是人类健康的源泉，养花种树深受广大人民群众的欢迎。随着改革开放的深入，国家昌盛、太平盛世、国富民强、百业俱兴，花卉事业蒸蒸日上，人民经济收入、文化层次不断提高。城市生态农业与日俱增，花卉展览全年不断。不但旅游景区、公园、绿地布置鲜花绿树，家庭小院、阳台、厅室莳养花卉，甚至屋顶也种起了花草。花卉已经成为日常生活中不可缺少的一部分。大城市中的大型花卉市场设施完善，奇花异草不断增多，人们的需求量成倍增长。在农村不仅出现了大型花卉生产基地出口创汇，还出现了公司加农户的新型产业机构，自产自销花卉生产专业户更是星罗棋布，打破了以往单一生产经济作物的局面，还为城市居民提供几平方米、几十平方米的栽培种植乐园，大量利用农村剩余劳动力，拓宽了致富道路。

为排解在凤梨生产、栽培养护、应用中常遇到的问题，由王凤祥、蓝民、王秀娇、刘志云等编写《凤梨》分册，由马箭、佟金成提供照片，王晓杰、贾占军等协助整理，在此一并感谢。

本书包括凤梨的形态、习性、繁殖、栽培养护、病虫害防治、应用等多方面知识，通俗易懂，不受文化程度限制，适合广大花卉生产者、花卉栽培专业学生、业余花卉栽培爱好者阅读，为专业技术工作者提供参考。

作者技术水平有限，难免有不足之处，欢迎广大读者指正。

作者

2010 年 11 月

问 与 答

问 题

一 形态篇

二 习性篇

三 繁殖篇

四 栽培篇

一、形态篇

概　述

凤梨科（Bromeliaceae）植物为一个很大的种群，目前已知46个属2000多种，每个种又有很多变种及园艺品种，其中一部分可选为容器栽培。凤梨不但叶色多彩光亮，叶形多富变化，花色艳丽多姿多样，苞片、果实也有美丽的观赏价值。凤梨科植物主要分布于南美洲热带雨林至海岸附近岛屿、林区，以及西印度群岛、加勒比海各个岛屿的高温高湿或多雨地区。

通常可分为两大类：即附生类及地生类。附生类自幼苗时新根即攀附于树皮或树干伤痕表皮处，随生长根系的伸长及增多，而增强更大更强的攀附能力，多数无茎干，目前容器栽培的大多属这个类型。另外一类为生长在光照充足、湿热地区，根系生长在土壤中，多数具有地上茎干，叶缘具有刺状锯齿。常见栽培有：光萼荷属（*Aechmea*）、水塔花属（*Billbergia*）、凤梨属(*Ananas*)、姬凤梨属(*Cryptanthus*)、果子蔓属(*Guzmania*)、彩叶凤梨属(*Neoregelia*)、铁兰属(*Tillandsia*)、雀舌兰属(*Dyckia*)及丽穗凤梨属(*Vriesea*)等。

凤梨科花卉叶形、叶色多富变化，有红、淡红、粉红、紫、褐紫、淡紫、淡褐、黄、金黄、淡绿、绿、斑纹、条纹、斑带或基部红色、黄色，先端变为绿色等，即便是一个属内，其形态也各有不同。大小宽窄、直立弯曲程度也变化无穷，有的四射散开成莲座，张开度大，长势松散，先端锐尖；有的紧裹成筒，张开度小，先端圆钝，无叶柄，叶基部宽大，成叶鞘互生状，中空形成圆锥形密不透气的储水“容器”，“容器”口径小的只有几厘米，大的可达几十厘米，最小的容水量只有几滴，而最大的可达几升，是附生类防旱的特有组织器官。水中常有落叶、昆虫、禽类等排泄物落入，经腐熟而被转化成所需要的养分，被吸收利用，这一过程是叶片基部储水部位叶面着生鳞片完成的，这些鳞片组织能吸收水分及养分，代替根系或与根系共同完成，有些种类根系并不多，只起到固定植株的作用，吸收水分及养分的功能弱于鳞片。有些种类为多年生常绿草本，开花后仍继续生长开花；有些种类则花后由基部产生新芽，老本不再开花，新芽产生花芽继续开花，花柄多抽于筒的中心，高于叶片，颜色随叶片的变化而变化，穗状花序也多姿多变，有圆球形、扁扇形、卵球形、散生形等。凤梨类花色多不鲜艳，但色彩明快、光亮的苞片是最美丽的观赏部位。

1. 凤梨这种热带水果的全貌是什么样的？

答：凤梨（*Ananas comosus*）又称菠萝、露兜子等，有较大的品种群。为凤梨属多年生常绿草本植物。根多数白色至淡黄褐色。株高可达120厘米，茎直立，基部半木质化，粗壮、坚硬。叶旋叠成莲座状互生，剑状长条形，长40～90厘米，质硬，叶缘常具细齿，被覆白粉，基部抱茎，先端渐尖，无叶柄。穗状花序排列成球果状，生于茎先端，长5～8厘米，结果时增大，花密集，紫红色，生于苞腋内，苞片三角状卵形至长圆状卵形，淡红色，外轮花被片3枚，萼片状、卵形、肉质，长约1厘米，内轮花被片3枚，花瓣状倒披针形，长约2厘米，青紫色，基部具舌状小鳞片2枚。雄蕊6枚；子房下位，藏于肉质的中轴内。果实为球果，由增厚的肉质中轴、肉质的苞片和螺旋排列不发育的子房连合成一个多浆的聚花果，先端有退化旋叠状的叶丛。为著名南方水果。

2. 果凤梨有矮生的吗？常见有哪些种，怎样识别？

答：矮凤梨（*Ananas comosus* ‘Nanus’）又称小果凤梨。为果凤梨的矮生变种，株高约40～60厘米，茎、叶、花果均小于凤梨，更适合盆栽观赏。

3. 果凤梨有金边斑叶品种吗？与常见品种有哪些不同？

答：果凤梨有金边斑叶品种，叫‘金边’菠萝（*Ananas comosus* 'Variegatus'），又叫艳凤梨、斑叶凤梨。株高50～80厘米，叶厚肉质，坚硬，剑形，长可达60～120厘米，宽3～6厘米，叶片莲座状丛生，30～50枚，叶上有坑沟，叶缘波状有很多锐齿，叶先端尖锐，基部抱茎无叶柄，叶中间亮绿色，两边为象牙黄色，如有充足的阳光，则可转成深粉红色。穗状花序，密集成卵圆形，着生于枝先端，小花紫红色。球果成熟时橙红色。果先端有一丛20～30枚退化叶片。果实味美可食。

4. 绿心黄边凤梨与凤梨有哪些不同？

答：叶片绿心黄边、带有红晕的凤梨应为斑叶红凤梨（*Ananas bracteatus* 'Striatus'），又称红菠萝、苞叶凤梨。叶片坚硬革质、扁平，中心铜绿色，叶缘象牙黄色，先端渐尖，基部抱茎无柄。苞片及果实鲜红色，为凤梨属观果观叶佳品。

5. 常见美叶光萼荷有别名吗？有几种花色？

答：美叶光萼荷（*Aechmea fasciata*）别名粉菠萝、蜻蜓凤梨、银纹凤梨、美丽光萼荷等。为附生型光萼荷属花卉。植株高50厘米左右。叶片10～20片组成漏斗状莲座叶丛，叶丛较开展，叶厚革质绿色，宽5～6厘米，长可达60厘米，叶上密被白色粉状物，并形成银白色和绿色相间的横条纹，叶边缘有褐色小锐刺。植株成熟后从中心抽出一支坚挺的花穗，长可达15厘米，桃红色或粉色的圆锥形穗状花序花苞间开出蓝紫色小花，1～2天后变成桃红色，但很快凋谢。花茎苞片粉色，边缘有刺，具一层白色绒毛，花苞片粉红色，前端尖锐，边缘有刺，花序苞片可长达6个月不变色。

6. 光萼荷与斑马凤梨有哪些不同？怎样区分？

答：光萼荷（*Aechmea chantinii*）为凤梨科光萼荷属多年生常绿直立

附生草本花卉，又称斑马凤梨，斑马凤梨为光萼荷的别称。莲座叶丛基部卷成筒状，上部展开向外反卷，叶片长30～40厘米，宽5～8厘米，橄榄绿色具灰白色至玫红带灰的横条纹，叶缘具有细刺，内部叶片先端圆或呈短尖。花葶直立，穗状花序，有分枝密集成阔圆锥状球形。花苞片披针形，橙红色，萼片黄色，先端尖锐，花叶均有很高的观赏价值，花期也长。

7. 珊瑚凤梨自然原生形态与栽培形态有区别吗？

答：珊瑚凤梨（*Aechmea fulgens*）又称亮叶光萼荷，原产巴西、圭亚那等地区的热带雨林或沿海长期潮湿的大树树皮上。根系沿树皮裸露伸展，牢固地固定在树木表皮，只有藓苔为伴，不接触土壤，为原生态。容器栽培则固定于某种土壤或基质中，为主要区别。形态则是固定的，无论在原生长地或移为容器栽培，只有强弱、大小、高矮的变化，形态不会产生变化。珊瑚凤梨根系很丰富，坚韧有力，白色、黄白至黄灰色。叶长30～40厘米，宽5～6厘米，相对较柔软，先端稍下垂反卷，基部抱合成圆筒状，淡绿色被覆白粉，叶背暗紫色。圆锥花序多分枝，呈珊瑚状，花小球形，花瓣青紫色。养护适当，花期可长达半年。

8. 斑纹珊瑚凤梨是光萼荷属吗？形态怎样辨认？

答：斑纹珊瑚凤梨（*Aechmea fulgens* var. *discolor*）是光萼荷属的，其别名有斑马凤梨、斑马珊瑚凤梨、光萼荷、斑马粉菠萝、黑纹凤梨、异叶亮叶光萼荷等，为附生类型。植株莲座叶丛形成叶筒，但不很开展，株高约30～35厘米，叶片质地坚韧，长可达45厘米，宽5～8厘米，叶端钝圆具绿色棘状突尖，叶缘有棕色细刺，叶面为橄榄绿色，上有横向分布的银灰色斑条，叶背有白粉物。花茎直立，复穗状花序，有数个分枝，花序下部有多片大型橙红色披针形弯垂的苞片，黄色的小花序下面也有红色卵形的花苞片。果实红色，观赏期长达半年。

9. 长穗凤梨长什么样？

答：长穗凤梨为长穗紫凤光萼荷（*Aechmea tillandsioides* 'Amazonas'）的别称。叶长30～40厘米，附生类型，灰绿色，有光泽，先端具突尖，基部莲座叶丛抱合筒，叶缘具刺，复穗状花序，总苞片深红色，小花苞片粉红色。

10. 紫斑叶光萼荷的形态是何种色彩，怎样才能认识？

答：斑叶紫光萼荷（*Aechmea tillandsioides* 'Variegata'）为附生类型。丛叶莲座状，叶长30～40厘米，宽2～4厘米，先端突尖，基部抱合，上部平展，叶缘具尖齿，叶面具黄绿相间的纵向条纹，背面有白色横斑纹。花苞苞片黄色，边缘鲜红色。果实成熟时红色具香气。

11. 凤梨属与光萼荷属怎样区分？

答：光萼荷属（*Aechmea*）中文名还称蜻蜓凤梨属、珊瑚凤梨属、缟珊瑚凤梨属、尖萼凤梨属、萼凤梨属，约有200个原生种，此属属于观赏凤梨中的大型种，株高及叶的展开幅度达30～40厘米，叶片厚革质，数量众多，叶子构成一个能储水用的叶筒。叶色以绿色为多，也有红色或具斑纹、斑点的。

凤梨属(*Ananas*)又称菠萝属、斑叶凤梨属。凤梨属植物的叶子狭长，通常具有尖锐的锯齿和刺，排列成疏松的莲座丛，有些种类会从莲座叶丛中间抽出一支花穗，上有粉红色苞片和蓝色花朵，花谢后花茎上留有花着生的部分可能逐渐变粗，形成果实，即为常见的水果菠萝，果实先端生有一丛退化的片，可用于繁殖插穗。

12. 怎样识别水塔花？

答：水塔花（*Billbergia pyramidalis*）又称红笔凤梨、火焰凤梨。多年生草本植物，茎甚短。叶阔披针形，长30～50厘米，宽4～5厘米，急尖，边缘有锯齿，叶片革质，青翠而有光泽，表面有厚角质层和吸收鳞片，排列成莲座状，叶基部相互抱合，使植株中心呈筒状，内可盛水而不漏，故有水塔花之名。每年9月份还会从叶筒中抽出红色火把状的花序，穗状花序直立，高约30厘米，高出叶丛，苞片粉红色，花冠朱红色，花瓣外卷，边缘带紫色，花期较短，只有2～3天。红花绿叶相衬，倍加可爱。

13. 细叶水塔花与斑叶水塔花有哪些不同？

答：斑叶水塔花（*Billbergia concolour* 'Variegata'）又叫斑叶红笔凤梨、白边水塔花、变色水塔花、美叶水塔花等，为水塔花的变异品种。株高35～45厘米。叶片长30～50厘米，宽4～5.5厘米，鲜绿色叶片边缘和中间镶嵌有黄白斑带。小花顶端带紫。细叶水塔花（*Billbergia nutans*）又叫俯垂水塔花、狭叶水塔花、垂花凤梨或凤梨兰，叶片弯曲，长25～38厘米，宽约1厘米，叶色呈橄榄绿色，如果经常有阳光直接照射，会微微泛红。穗状花序，紧密，花朵悬垂，长约3厘米，有粉红色的蓝边萼片以及黄绿色的蓝边花朵，苞片粉红色，长5～8厘米。

14. 姬凤梨是附生类还是地生类？其形态如何？

答：姬凤梨（*Cryptanthus acaulis*）为地生类，又称紫锦凤梨、锦纹凤梨、隐花姬凤梨。姬凤梨属是凤梨类中植株较小的一种，株高10厘米。叶片丛生呈莲座状，近无茎，平铺土表，外轮叶腋具匍匐走茎，放射如蟹状故又名蟹叶凤梨。叶片硬革质，椭圆状披针形，波状缘有皮刺，叶面绿色，叶背具白色小鳞片。花白色，集成近无柄花序。其小巧玲珑的植株、绚丽多彩的叶片是一种难得的袖珍型观叶植物。

15. 怎样区分环带姬凤梨的形态？

答：环带姬凤梨（*Cryptanthus zonatus*）又叫环带隐花凤梨、虎纹小凤梨。株高15厘米，有披针形波浪状的叶子，叶子长达20～25厘米，宽3～4厘米，锯齿缘，棕绿色，叶面有绿、白和棕色条纹，背面则有一层白色的鳞片，莲座丛直径可达41厘米。花白色。

16. 红叶小凤梨与宽虎纹小凤梨在形态上有什么不同？

答：红叶小凤梨（*Cryptanthus acaulis* 'Rubra'）又称红叶姬凤梨，为凤梨科姬凤梨属多年生常绿草本植物。叶形呈长带状，革质，基部相互抱合呈漏斗状，紧密排列呈莲座状叶筒，外观看不到基部。开花时从基部中心抽出鲜红色花穗。根部极不发达，水分和营养吸收主要靠叶片，喜温暖湿润气候。

宽虎纹小凤梨（*Cryptanthus zonatus* 'Zebrinus'）又称宽虎斑姬凤梨，与红叶小凤梨同科同属，为环带姬凤梨的园艺栽培变种，叶深绿色有浅绿色横纹，中脉两侧带有红黄色，全株被覆白色绒毛。

17. 五彩小凤梨与三色小凤梨形态有什么区别？

答：五彩小凤梨（*Cryptanthus bromelioides* var. *tricolor*），又有五彩长叶小凤梨、三色小凤梨、五彩姬凤梨、三色姬凤梨的别称，两者为同物异名，为凤梨科姬凤梨属多年生常绿直立草本花卉。近无茎。叶卵状披针形，长15～20厘米，宽约3厘米，波状叶缘具红色细锐针刺，先端具尖，基部抱茎，呈筒状，无叶柄。叶面中心有纵向绿条斑，其间杂有红、黄色细条斑，叶缘乳黄色并带有红色彩晕。叶背银白色。

18. 怎样由形态上识别双条带姬凤梨？

答：双条带姬凤梨（*Cryptanthus bivittatus*）又称纵缟姬凤梨、绒叶小凤梨、缟叶小凤梨，为凤梨科姬凤梨属小型种类。株高10～12厘米。叶密生，先端渐尖，基部抱合成筒，四向铺散开张，叶片披针形，长10～12厘米，宽2～3厘米，厚肉质，叶缘具细针刺，叶缘波状褐绿色，叶面及中脉有两条纵向较宽的浅黄色条带，基部暗红色。小花白色。

19. 光萼荷属与姬凤梨属形态上有哪些不同？

答：光萼荷属（*Aechmea*）又称尖萼荷凤梨属、珊瑚凤梨属、蜻蜓凤梨属等。多数为附生种，少数为陆生（地生种），属于观赏凤梨中的大型种。株高及叶的展开幅度达30～40厘米，叶片厚革质，成型植株多在12～16片，叶色以绿色为多，也有红色或具斑纹、斑点的，大多数种的叶片边缘有明显的刺，叶片先端宽而圆，顶尖尖锐，所有种类都是成熟后才开花的，每一个莲座只能开花一次，花谢后莲座边会枯萎。花苞片、花萼片颜色鲜艳，顶端尖锐而且数量多，排列紧密，质地坚硬、强韧，整个花序可观赏2～5个月之久。花后结浆果，不少种类浆果颜色艳丽，维持时间长，观赏价值高。

姬凤梨属（*Cryptanthus*）又有隐花凤梨属、小凤梨属、锦纹凤梨属等名称，约20余种，大多植株低矮，株高多在20厘米以内。大多数种类叶片呈四散横向生长，平卧于地面，一般构成星形的莲座状，很像海星。多为陆生种类。叶坚韧尖削，椭圆状披针形，有时末端钝圆，叶呈披针形，大多叶缘呈波浪形，常有密集精美的小皮刺。叶色有些是纯绿的，也有褐红、褐绿色的，但大部分由斑斓的图案、色彩鲜明或柔和的条纹或横带构成。花期不固定，四季均可开放，小花形成头状花序，隐于莲座叶丛中心筒内。

20. 怎样识别火轮凤梨的形态？

答：火轮凤梨（*Guzmania lingulata* var. *magnifica*）为凤梨科果子蔓属多年生常绿草本植物，又称秀美果子蔓、火冠凤梨。植株不高，约30厘米，小型种。叶绿色长线形，长20～30厘米，宽1～2厘米，具纵缟纹。穗状花序仅高出叶上，艳红色，直径10～15厘米，披针形，总苞片15～20枚，小花白色。观赏期可达半年。

21. 形态上垂花果子蔓与离花果子蔓有什么不同？

答：垂花果子蔓（*Guzmania lingulata* ‘Minor’）又称小姑氏凤梨、橘红星凤梨，凤梨科果子蔓属常绿直立草本花卉。为大中型种，株高70～80厘米，叶长带状，长40～60厘米，宽3～4厘米，浅绿色有黄色斑纹。穗状花序稠密，橘红色或猩红色，总苞片呈星状展开，色彩艳丽持久，观赏价值极高。

离花果子蔓（*Guzmania dissiflora*）又称歧花黄凤梨。株高30厘米左右，冠幅80厘米。叶片线形，基部较宽，浅绿色，叶长30～90厘米，宽3～7厘米，叶面具纤细褐色纵向斑纹，叶背面有鳞片状斑点。一生只在春季开1次花，花茎常高出叶丛20厘米以上，穗状花序。花茎、苞片及花茎基部的数枚叶片均为深红色，保持时间长，观赏期可达2个月左右。

22. 怎样识别黄苞球凤梨的形态？

答：黄苞球凤梨（*Guzmania musaica*）为凤梨科果子蔓属常绿直立草本花卉，地生型。叶丛生，带状箭形，长60～70厘米，宽6～8厘米，先端渐尖，基部抱合成筒。叶片绿色光滑，叶面具深绿色横条斑，叶背有紫色横纹。复穗状花序，单生于茎先端，长30厘米左右，抱合成球形。每分穗呈椭圆形，略扁平，小花紧密叠生，红色，苞片黄色带有玫红色条纹，小花白色。

23. 怎样识别赪凤梨的形态？

答：赪凤梨(*Neoregelia carolinae*)别名彩叶凤梨、五彩凤梨、五彩红背凤梨、美艳凤梨、玫叶红心凤梨、美丽凤梨等，为凤梨科赪凤梨属（也称红背凤梨属、西洋万年青属、胭脂凤梨属、羞凤梨属等）多年生附生常绿草本。株高25～30厘米，莲座叶丛基部卷成圆筒形，然后平展，筒可储水。叶薄革质带状，有光泽，长20～30厘米，宽3～4厘米，叶缘有细齿，向尖端渐狭，叶面中心具乳白色至乳黄色纵向条纹，开花前内轮下半部或全叶变红色因而得名。小花蓝紫色，隐藏于叶筒中。

24. 金边凤梨与美丽水塔花形态上有哪些区别？

答：金边凤梨（*Neoregelia carolinae* 'Flandria'）又称镶边五彩凤梨，为凤梨科赪凤梨属多年生常绿草本花卉。株高30厘米左右，有10～20片叶子，由外到内由下而上螺旋状排列呈莲座平展如碟状，叶长20～30厘米，宽3～4厘米，革质有光泽，厚实挺括，箭形向外翻卷，叶片正面为深绿色，边缘为黄绿色，部分叶片中间也镶有不等的黄绿条纹，叶边周围有钝刺，叶背为粉绿色，有与叶面相同的黄绿色隐条。中心叶片开花时变为红色，小花紫色，花苞先端白色，具较高的观赏价值。

美丽水塔花（*Neoregelia spectabilis*）与金边凤梨同科同属，多年生常绿草本花卉，又称艳美彩叶凤梨、瑞红凤梨。株高30～50厘米，叶片带状革质，长30～40厘米，宽3～3.5厘米，上部下弯，叶背有白粉状物，正面绿色，叶基部带有紫色，先端钝圆具突尖，红色。花茎、苞片洋红色，密集在花茎的基部，小花蓝色，花期夏秋季。

25. 彩凤梨属与鸟巢凤梨属形态上有哪些主要不同？

答：彩凤梨属（*Neoregelia*）又称赪凤梨属、胭脂凤梨属、西洋万年青属、红背凤梨属等。约50余种，多为地生，多年生常绿直立草本花卉。它的叶色变化丰富多彩，从深浅不一的绿色到各种红色、褐色，有些种的叶片上还具有斑点或条纹，特别是开花时，中央的叶片会变成红色，观赏价值极高，是十分优秀的观叶植物。色彩鲜明有光泽的硬叶，构成扁平的莲座丛状，所以植株多不高大，但是宽幅较大，叶缘有细小的针刺，叶片前端一般圆润，具有上翘的尖端。花茎很短，总状花序在叶筒水面附近开放，观赏价值不高。

鸟巢凤梨属（*Nidularium*）又称巢凤梨属，约有20余种，多为中小型种类，为多年生常绿直立草本花卉。植株最可爱的时候是要开花时，基本上绿色的莲座丛中心就会变得色彩鲜明（一般变成红色），这种颜色变化往往只局限于一小簇5～8厘米长的变态叶。花朵细小，呈管状，着生于中央叶丛长出的花序上，花很快凋谢，但艳丽的叶色可持续数月不退。一个莲座丛只能开花1次，开过花后就会慢慢枯萎，并在基部四周发生分蘖。

26. 巢凤梨是附生类型吗？

答：巢凤梨（*Nidularium innocentii*）又称鸟巢凤梨、黑红凤梨、无邪鸟巢凤梨。是附生类型，有莲座状叶，叶15～20片，条形长30厘米，宽3厘米，边缘有刺，叶面光滑，绿色，有深浅、宽窄不等的黄色或带紫色斑纹，叶背葡萄酒红色。圆锥花序着生于莲座状叶丛中央基部，花白色，每1朵花有1膜质苞片，苞片在花期呈红色或紫红色。果为多种子浆果。

27. 怎样识别银丝鸟巢凤梨的形态？

答：银丝鸟巢凤梨（*Nidularium innocentii* var. *lineatum*）为鸟巢凤梨属，多年生常绿草本花卉，附生型，巢凤梨的栽培变种，近无茎。叶基部互生抱合成紧密筒状，成一储水槽。叶片披针形，长20～35厘米，宽3～5厘米，翠绿色有光泽，具银白色细条纹，叶缘有细齿。开花时叶丛中心生长出形似短叶先端红色的苞片，花小白色。

28. 铁兰与歧花凤梨形态有哪些区别？

答：铁兰（*Tillandsia cyanea*）又称紫花凤梨、蓝花铁兰、紫花木柄凤梨，简称铁兰，为铁兰属多年生常绿直立草本，以观花为主的附生种类。植株无茎，叶呈莲座状丛生，叶片窄长，宽约1～2厘米，长25～30厘米，簇生，浓绿色，质硬，革质，基部呈紫褐色条状斑纹。花葶由叶丛抽生，长约20厘米，先端12～15厘米处变成扁平形成花序，宽约2厘米。苞片两裂，对称互叠，粉红或红色，苞片间开出蓝紫色小花，花期70～80天。

歧花凤梨（*Tillandsia flabellata*）又称红扇铁兰、长苞铁兰、多花小红剑、迷你花剑，为铁兰属多年生常绿附生型花卉，中型种。叶狭线形，长20～30厘米，宽2厘米，叶质薄而硬革质，鲜绿色至灰绿色，叶背被白粉。复穗状花序有多达9～12个小穗状花序，总苞密叠呈扁平棒状，鲜红色或橙红色，小花紫色，花期不长，2个月左右。

29. 凤梨中有称为空气草的种类吗？形态上如何识别？

答：空气草（*Tillandsia caputmedusae*）是松萝凤梨的别名，别名还有老人须、空气花、苔花凤梨、银叶小凤梨、银叶紫凤梨等，是凤梨科、铁兰属多年生气生或附生草本植物，是空气凤梨的一种。松萝凤梨与空气凤梨一样，已不再像绝大多数植物要靠根系吸收养分和水，而是依靠自身独特的叶面上密布的白色鳞片。它们的根部已经退化成木质纤维，只能起到一定的固定作用。松萝凤梨株高10～30厘米，为小型袖珍种。单叶簇生，植株基部呈一小球状，叶厚肉质，叶基部大，先端渐尖且扭曲，整株密被绒毛，茎、叶已经退化成线状，全株灰绿色，具有很多的分枝。花因种不同有淡绿色、白色、黄色、紫色、红色等，花朵很小，气味浓香，结的果子只有米粒大小。

30. 铁兰属与雀舌兰属有哪些主要区别？

答：铁兰属（*Tillandsia*）又称花凤梨属、第伦斯属、木柄凤梨属，为凤梨科中数量种类最多的一个属，约有400余种之多，有附生小型种也有大型地生种，园艺观赏种不少于60种，其形态多富变化，大小悬殊，生长环境因种不同差别也很大，由常年潮湿的雨林至极其干燥的沙漠均有分布。根系不发达或基本无根，由叶片吸收水分及养分，是一种用途广泛的植物材料。

雀舌兰属（*Dyckia*）又称小雀舌兰属、硬叶凤梨属、狄克属，与铁兰属同科不同属。叶基部紧密抱合成莲座丛，叶片坚硬，叶缘为刺状缘，大部分种类叶背被有银白色鳞片，叶片狭披针形，先端尖锐，与其它属差别最大的是箭葶不由筒中心着生，而由一侧抽出。老株不会开花后枯死，而是继续生长成更大株丛继续开花。

31. 怎样在形态上区别小雀舌兰？

答：小雀舌兰（*Dyckia brevifolia*）又称短叶雀舌兰、多浆叶雀舌兰、厚叶雀舌兰。雀舌兰属地生类，多年生常绿直立草本花卉。无茎，叶排列成莲座状，具叶25～30枚，常易群生形成几百个莲座叶盘聚集的大丛株，非常壮观。叶剑状披针形，最长25厘米，宽约2厘米，但栽培时通常短得多。叶质坚硬，叶面浓绿色，平行脉很明显，白色。叶缘有整齐的韧锯齿。叶背淡绿色被白色鳞片。穗状花序高数十厘米，小花黄或橙黄色。

32. 怎样在形态上区别虎纹凤梨及彩苞凤梨?

答：虎纹凤梨（*Vriesea splendens*）又称丽穗兰、红剑、虎纹花叶兰，属丽穗凤梨属，为花、叶具美的中型附生种。每莲座丛约有20片叶，株高50～60厘米，叶深绿色，两面具紫黑色横向带斑。花序于叶丛中抽出，呈烛状或箭形，苞片艳红色，相互抱合叠生，先端尖锐。观赏期约60天。白天花为黄色，夜晚为白色，四季开花不断。

彩苞凤梨（*Vriesea×poelmannii*）又称大鹦哥凤梨、大剑凤梨、火炬等，为丽穗凤梨属的一个杂交栽培种，多年生常绿草本，中型种。叶丛紧密抱成漏斗状，株高20～30厘米，叶宽线形长25～30厘米，宽3～4厘米，较薄，亮绿色具光泽，叶缘光滑无刺。花茎从叶丛中心抽出，复穗状花序，具有多个分支，花茎长约30厘米，苞片鲜红色，小花黄色。

33. 怎样由形态上识别莺歌凤梨?

答：莺歌凤梨（*Vriesea carinata*）又称珊瑚花凤梨、歧花莺歌凤梨等，为丽穗凤梨属中一个小型园艺栽培种。叶长约20～30厘米，宽2～3厘米，薄肉质，带状，叶面平滑富有光泽。复穗状花序有多个分支，苞片扁平，依序叠生，状如莺歌鸟的鸟冠一般，艳红色，小花黄色。花期秋季，喜温暖和湿润环境。

34. 莺歌凤梨属形态有哪些特征?

答：莺歌凤梨属（*Vriesea*）又称丽穗凤梨属、剑凤梨属、弗里西属、斑氏凤梨属、鹦鹉凤梨属、花叶兰属等。大多为附生性中型种，目前用于观赏的种类、品种多，花序和叶片都具有相当大的吸引力。此属凤梨叶宽、无刺、平滑、革质、全缘、绿色，也有斑叶品种，叶排列呈莲座状，形成可储水的叶筒，它像大多数凤梨一样，要生长几年才能开花，一年中任何时候都可能开花，但多在冬季至春季开花。穗状花序通常直立、剑形、单支或多分支，花苞片色彩艳丽持久，观赏价值相当大，苞片腋内长出小花，花瓣分离，黄色或绿色，子房上位，小花本身很快就会凋萎。果实为蒴果，种子具冠毛。

二、习 性 篇

1. 凤梨科植物大多数原产于什么地方？

答：凤梨科（Bromeliaceae）植物是一个很大的种群，据一些书刊记载大约有46个属、2000余种，其中可供栽培观赏及作为热带水果的几乎近1000种。凤梨类不但花形花色奇特美丽，绝大多数叶丛叶片也有不可忽视的观赏价值，深受人们的喜爱。凤梨科花卉主要分布于南美雨林至海岸岩礁的林带，西印度群岛、加勒比海诸岛的高温高湿地区处处可见它们的身影。

2. 凤梨类按生态习性可分为几大类？

答：为栽培管理方便，通常分为陆生型（又称地生型）及附生型两大类。陆生型多数根系丰富，具有较高的地上茎或近无地上茎，植株所需要的水分、养分由根系吸收供应全株。通常分布在地域开阔、光照充足、气候温暖的地域，并且叶片开张，叶缘多数有直刺或钩刺或锯齿。

附生型多数攀附于树皮或潮湿的岩礁上，这类植物喜半阴环境，不耐直晒，喜高温、高湿。通常叶片基部紧密重叠包裹成筒状，形成储水的叶筒，小的只有几厘米，而大的可贮3～5升水，叶片先端开张度也小。花葶多数抽生于莲座状叶筒中心部位。

3. 凤梨类储水槽这个特殊组织器官对植株本身有什么作用？

答：凤梨类叶片基部紧密包裹，形成筒状储水槽，在生理上可以防止干旱或干燥天气出现而贮存一定量的水分及养分，供平时生理需要。如果我们用显微镜或放大镜观察叶片，会看到在叶片上生有微小的鳞片状物，这些小鳞片在叶基部分布最多，越往先端越少，植物生理学上称为水分、养分吸收鳞片，简称吸收鳞片，当鳞片接触水分、养分时，同根系一样吸收水分、养分供全株消耗应用。而根系在吸收水分、养分的同时主要起固定作用，由于根系坚韧，幼根即承担攀附作用，并随着植株的生长、体重的增加而不断增长增多，使植株保持直立状态。实际上等于吸收鳞片与根系共同起到吸收水分、养分的作用。吸收鳞片的吸收能力又远远大于根系。附生类凤梨根系相对较少而稀疏，在原产地叶筒中不但能贮存一定量的水，而一些其它植物的蔬果、落叶、昆虫、禽类、小动物的排泄物或部分残体也会坠落于叶筒中，变为肥料被吸收利用。

4. 菠萝的生长发育要求什么样的环境？

答：菠萝为果凤梨的别称，原产热带美洲，我国南方高温、高湿地区露地栽培，北方地区多作温室观赏栽培。喜光照充足、能耐直晒、能耐半阴。喜温暖，不耐寒，夏季高温、高湿环境生长良好，冬季应保持20～30℃，低于18℃生长缓慢，12℃以下停止生长，能耐6℃短时低温，低于6℃或长时间6℃环境有可能受寒害。夏季温度高达34℃时，在通风良好的条件下未见受害。喜湿润，干旱干燥环境生长不良。喜通风良好，通风不良、过于荫蔽长势差。喜疏松肥沃、富含腐殖质、排水良好、微酸性土壤，在高密度土壤、贫瘠土壤中长势瘦弱。

5. 艳凤梨在什么环境中才能良好生长？

答：艳凤梨即斑叶果凤梨，原产阿根廷，既为观果佳品，又是甘甜可口的鲜果。喜充足光照，能耐直晒，也能耐半阴，在浓荫下长势相对瘦弱，特别是果实发育不良，叶片斑纹变浅，但直射光过强，叶色也会变暗，但条纹却变鲜明。喜湿润，不耐干旱干燥，不耐水涝，一旦产生水涝致伤将无法挽回。喜温暖不耐寒，在22～30℃环境中长势最好，夏季在34℃条件下仍能生长发育，18℃以下长势缓慢，12℃以下停止生长，能耐短时6℃低温，低于6℃有可能受寒害，一旦受寒害影响，很长时间才能恢复生长。喜湿润，耐干旱、干燥性差，过于干旱或干燥叶片枯干，即使恢复生长，受害叶片也不能恢复良好形态。喜疏松肥沃、富含腐殖质、排水良好的微酸性沙壤土，在贫瘠土壤、高密度土中长势差。

6. 矮生果凤梨的习性与果凤梨习性相同吗？

答：果凤梨有一个很大的园艺品种群，矮凤梨是果凤梨中的一个园艺品种。喜充足光照，能耐直晒，直晒下叶片紧密，低矮健壮。能耐半阴，光照不足叶片变薄，茎叶变长，茎干细弱，果实发育不良、变小。喜湿润不耐水涝，过于干旱生长不良。喜潮湿空气，耐干燥性差，空气湿度不足叶片枯黄。喜高温，在22～30℃气温下生长良好，能耐短时6℃低温。喜通风良好。喜疏松肥沃、富含腐殖质、排水良好的微酸性沙壤土。

7. 斑叶红凤梨在什么环境中生长最好？

答：斑叶红凤梨又称红菠萝，为果凤梨类。喜光照充足，能耐直晒，为保持叶片、果实颜色鲜明，最好在炎热夏季中午稍遮光。能耐半阴，光照不足，果实瘦弱，叶色变淡。喜高温，不耐寒，自然气温在25～32℃环境中长势良好，能耐短时6℃低温。喜湿润及潮湿空气，最好保持相对湿度60%～80%。喜疏松肥沃、富含腐殖质的微酸性沙壤土，贫瘠土、高密度土须改良后应用。

8. 美丽光萼荷在什么环境条件下才能良好生长、正常开花？

答：美丽光萼荷又称蜻蜓凤梨。为光萼荷属花卉，原产巴西，附生种类。喜明亮柔和光照，不耐直晒，在18～22℃之间生长良好，休眠期最好不低于15℃，温度过低，生长推迟，严重时造成枯死。喜湿润，生长期保持土壤湿润，叶筒内有水，休眠期叶筒内保持无水，保持湿润，叶筒内储水过多、时间过长，土壤过湿易产生腐烂，空气湿度最好保持50%～60%。容器栽培时，土壤应疏松肥沃、含丰富腐殖质，排水良好，pH值保持在5.5～6.5。

9. 光萼荷在什么环境下才能良好生长开花？

答：光萼荷又称斑马光萼荷或斑马凤梨，原产亚马孙河流域，为光萼荷属附生类花卉。喜明亮光照或早晚有直射光，光照过强易产生日灼，过弱开花不良。在室温18～25℃长势良好，夏季34℃未见受伤害，15℃以下停止生长，长时间15℃以下易产生烂根而枯死。生长期间喜湿润，叶筒内保持有水，空气湿度保持50%～70%，容器栽培时要求土壤疏松通透、肥沃富含腐殖质、微酸性。

10. 珊瑚凤梨原产何地？需要什么环境才能良好生长？

答：珊瑚凤梨又称亮叶光萼荷、亮绿叶凤梨，原产巴西、圭亚那等地，为光萼荷属附生类型，在原产地附生于树干上。喜明亮光照或早晚有短时直射光照。稍耐半阴，光照过弱、肥分不足，开花不良。喜高温、高湿，不耐干燥、干旱，生长季节最好在20～30℃，休眠期不低于15℃。容器栽培可应用腐殖土、腐叶土、沙壤土，土壤保持微酸性。

11. 长穗凤梨在何种环境中生长最好？

答：长穗凤梨又称长穗紫斑光萼荷，原产秘鲁，为光萼荷属原生于树干上的附生类型。喜明亮光照或半阴环境，不耐直晒。喜高温、高湿，不耐寒，在25～30℃环境中生长良好，休眠期温度不低于15℃，相对空气湿度在60%～70%为最佳。温度、湿度、光照、肥分不足不能良好开花。容器栽培最好选用腐殖土、腐叶土或细沙土，并需pH值保持微酸性。

12. 斑叶紫光萼荷在哪种环境中才能良好生长开花？

答：斑叶紫光萼荷或称紫叶斑纹光萼荷，为光萼荷属附生类。喜明亮光照，耐半阴，不耐直晒。喜高温不耐寒，在18～25℃环境中生长良好，能耐6℃短时低温，喜潮湿空气及湿润土壤，在腐殖土、腐叶土、细沙土等中及pH值5.5～6.5条件下生长良好。

13. 水塔花栽培中，在什么环境长势最好？

答：水塔花原产巴西，又称红笔凤梨等，为水塔花属附生类型，多数丛株共存一盆，多年生常绿直立草本花卉，多数无休眠期或短时休眠即生长。喜明亮充足的光照，不耐直晒，直晒下易产生灼伤，且叶片先端易干枯；光照不足不能良好形成花芽，如有条件早晨或傍晚能有4～6小时直射光，则花芽更易形成且良好开花。喜高温，在20～25℃环境中生长良好，室温高达34℃未见受到伤害，15℃以下停止生长，大多数种或品种能耐短时6℃低温，有些在短时0℃低温环境中，自然恢复常温后仍能恢复生长。生长期间喜通风良好。喜潮湿空气，在相对空气湿度60%～70%条件下长势健壮。喜疏松肥沃、含腐殖质丰富的腐殖土、腐叶土或细沙微酸性土壤。

14. 创造什么环境条件才能使垂花水塔花良好生长？

答：垂花水塔花又称狭叶水塔花、垂花凤梨，原产巴西，为水塔花属多年生丛生常绿草本花卉，地生类型，几乎无休眠期或不明显短时间休眠。喜充分明亮光照，不耐强烈直晒，强烈直晒下易产生日灼或叶片先端干枯。喜湿润，能耐短时干旱，喜潮湿空气。土壤含水量过多或长时间积水会引发烂根，空气相对湿度长时干燥也会产生叶片早枯或先端干枯。喜温暖不耐寒，在室温18～25℃环境中生长良好，室温高达34℃未见有伤害，冬季最好不低于12℃，但能耐短时5℃低温。喜通风良好，夏季荫棚下能正常生长。喜疏松肥沃、富含腐殖质沙壤土，在高密度土、贫瘠土壤中长势差。

15. 斑叶水塔花生长要求哪种环境？

答：斑叶水塔花，又称斑叶垂花水塔花、斑叶垂花凤梨、变色水塔花、斑叶凤梨兰、美叶水塔花等，为水塔花属多年生常绿草本花卉。喜充足明亮光照，不耐直晒，但早晚有直晒光长势更好。强烈直射光或相对空气湿度过于干燥，会引发日灼或叶片先端干枯。光照过弱，开花少或不能正常开花。喜温暖不耐寒，在室温18～30℃环境生长良好，35℃未见伤害，越冬室温最好不低于15℃，能耐短时6℃低温，在温度允许条件下常年生长，休眠期不明显。喜湿润，稍耐干旱，土壤含水量过多或长时间积水会引发烂根，过于干旱叶片枯黄，花葶变短。喜潮湿空气，最好能保持50%～60%。喜疏松肥沃、含腐殖质高的微酸性沙壤土。

16. 姬凤梨在哪些环境中能良好生长？

答：姬凤梨又称紫锦凤梨，原产巴西，为姬凤梨属地生类，多年生常绿、丛株直立草本花卉。喜充足明亮光照，不耐直晒，光照充足叶色鲜明，斑纹明亮，光照不足斑纹消失。喜高温，不耐寒，在25～30℃室温下生长良好，35℃高温未见明显伤害，18℃以下生长缓慢，低于12℃停止生长，越冬室温最好不低于15℃。喜湿润、畏积水、不耐干旱，保持相对空气湿度50%～60%，土壤长时间过湿易烂根，过于干旱，根系受损不易恢复。喜疏松肥沃、富含腐殖质的微酸性沙壤土。

17. 环带凤梨在什么环境中才能良好生长？

答：环带凤梨又称虎纹小凤梨，原产巴西，为姬凤梨属地生类型，多年生常绿直立丛株草本花卉。喜充足明亮光照，光照充足，斑纹鲜明秀美，长时间光照不足，斑纹明显暗淡甚至消失，长势渐弱。喜湿润，稍耐干旱，畏积水或雨涝，过度干旱或空气湿度长时间过于干燥，叶片先端枯干或老叶枯黄。喜温暖、不耐寒，在温度22～30℃气温下长势良好，能耐34℃高温，气温降至18℃以下生长缓慢，冬季室温最好不低于15℃，但能耐短时10℃低温，8℃以下有可能受寒害，一旦受害需长时间才能恢复生长。生长期间需保持通风良好及相对50%～60%空气湿度。在腐殖土、腐叶土、细沙土壤中生长良好，pH值最好保持微酸性。

18. 红叶小凤梨栽培中需要什么环境？

答：红叶小凤梨又称红叶姬凤梨，原产巴西，为姬凤梨属地生类型，多年生常绿草本花卉。喜充足明亮及早晚有直射光照环境，不耐强烈直晒。光照不足，叶色暗淡。喜湿润，稍耐干旱，畏积水。喜温暖，气温在25～30℃长势良好，不耐寒，气温低于8℃，有可能受寒害。要求疏松肥沃、富含腐殖质的土壤，pH值保持微酸性。

19. 宽叶虎纹小凤梨在何种环境中生长良好？

答：宽叶虎纹小凤梨又称宽虎纹小凤梨、小虎斑凤梨，为园艺栽培种，多年生常绿草本花卉。喜充足明亮或早晚有直晒光照环境，不耐强烈直晒，光照不足叶色泛绿，斑纹变淡。喜湿润，不耐干旱，畏积水，生长期间叶筒内积水应经常更换，保持筒内清洁，冬季清除筒内积水。相对空气湿度保持在60%～70%。喜高温不耐寒，生长温度在22～30℃为佳，能耐34℃高温及16℃低温，在停止生长条件下能耐12℃低温，温度低于8℃有可能受寒害。喜通风良好。在腐殖土、腐叶土、细沙土壤、pH值微酸性环境下长势最好。

20. 栽培五色长叶小凤梨需要什么环境？

答：五色长叶小凤梨又称五彩长叶小凤梨，其实叶片上大致有绿、红、黄三色条纹，所以又称三色小凤梨或红边小凤梨更合适。五色长叶小凤梨为姬凤梨属地生类型，多年生常绿直立草本花卉。喜充足明亮光照，不耐直晒，光照不足，边缘红色变淡或变为黄色，更甚者变为暗黄绿色或边色消失，且长势渐弱，根系变少，直晒下、土壤过干、相对空气湿度过小，易产生叶片先端枯干或日灼。喜温暖，在22～30℃之间长势良好，15℃以下长势渐慢。越冬室温最好不低于12℃。空气湿度保持50%～

60%，高温、高湿长势快，但易造成叶片长短不齐。喜疏松肥沃、富含腐殖质沙壤土，在高密度土、贫瘠土壤中长势不佳。

21. 双条带姬凤梨在哪些环境中长势最好？

答：双条带姬凤梨又称纵缟小凤梨，为姬凤梨属多年生常绿直立草本花卉，原产巴西。喜充足明亮光照，不耐强光直晒，但早晚有直射光照时叶色更鲜明。喜湿润，稍耐干旱，畏积水。喜温暖，不耐寒，在室温22～30℃环境长势良好，室温高达34℃未见伤害，越冬室温最好不低于15℃，但能忍受8℃低温。喜疏松肥沃、富含腐殖质、pH值微酸性、排水良好的沙壤土。

22. 容器栽培火轮凤梨需要什么环境？

答：火轮凤梨原产哥伦比亚、厄瓜多尔，为果子蔓属附生类，多年生常绿直立草本花卉。喜明亮半阴环境，不耐直晒，直晒下易产生日灼，一旦产生日灼将无法挽救，但也不能长时间过于荫蔽，光照过弱，长势不健壮且不易开花。最适生长温度16～18℃，越冬最低室温8～10℃。喜湿润畏干旱，全年保持储水槽内有水。喜疏松肥沃、排水良好、富含腐殖质的沙壤土。

23. 垂花果子蔓在什么环境中才能良好生长开花？

答：垂花果子蔓又称小姑氏凤梨，为果子蔓属附生类多年生常绿直立草本花卉。喜半阴，不耐直晒。喜温暖不耐寒，最适温度在16～18℃，越冬最低室温8℃。喜湿润，不耐干旱，全年保持储水槽内有水。喜疏松肥沃、排水良好、含腐殖质丰富的沙壤土。

24. 离花果子蔓在什么环境中才能良好生长开花？

答：离花果子蔓又称黄歧花凤梨，原产哥伦比亚、厄瓜多尔、安第斯山热带雨林，为果子蔓属附生类，多年生常绿直立草本花卉。喜半阴，不耐直晒，直晒下易灼伤。喜温暖不耐寒，最适生长温度16～18℃，越冬室温不低于10℃。喜潮湿不耐干旱，常年叶筒内保持有水。喜肥沃疏松、富含腐殖质、排水良好的微酸性土壤。

25. 黄苞球凤梨在什么环境中才能良好生长？

答：黄苞球凤梨为果子蔓属地生类，多年生常绿草本花卉，原产哥伦比亚。喜明亮光照，不耐直晒，强烈阳光直射会引发日灼，叶片先端干枯，光照不足，叶色暗淡不鲜明，严重时斑纹变淡，根系减少，甚至腐烂。喜温暖气候，不耐寒冷，在18～20℃环境中长势良好，夏季高温及温度低于6℃，长势渐弱或停止生长，越冬室温最好不低于8℃。喜潮湿不耐干旱，保持储水槽内有水，相对空气湿度60%～75%。喜疏松肥沃、排水良好、富含腐殖质、pH值微酸性土壤。

26. 赪凤梨在哪种环境中才能良好生长？

答：赪凤梨又称彩叶凤梨等多种别名，为赪凤梨属地生类，多年生常绿草本花卉，原产巴西。喜充足明亮光照，不耐直晒，在明亮光照下越亮总苞越鲜明，光泽度越亮；光照不足，颜色暗淡。苗期在半阴环境下长势良好。喜温暖，不耐寒，生长季节要求22～28℃，越冬休眠期气温不应低于15℃。喜湿润、不耐积水、不耐干旱，空气湿度冬季尽量保持50%，夏季70%～80%长势最好，并保持叶筒内有水。喜疏松肥沃、排水良好、富含腐殖质的沙壤土。

27. 金边凤梨在哪种环境中才能良好生长？

答：金边凤梨又称镶边五彩凤梨等，为赪凤梨属地生类园艺栽培种，多年生常绿直立草本花卉。喜明亮充足光照，不耐直晒，光照充足明亮，花、叶色彩鲜明，光照不足花色变暗，叶色斑纹变淡，且花芽不易形成，花葶细长，花序变小。苗期在半阴环境下能良好生长。喜温暖不耐寒，在

22～28℃环境中长势最佳，冬季休眠期室温最好在15～18℃之间，温度过低停止生长，8℃以下有可能受寒害，高温会停止生长。喜良好通风。喜湿润，不耐干旱，应保持盆土不过干，生长期间保持储水槽内有水，空气湿度不低于70%，冬季50%。喜疏松肥沃、排水良好、微酸性富含腐殖质的沙壤土。

28. 美丽水塔花在什么环境中长势最佳？

答：美丽水塔花又称艳美彩叶凤梨、瑞红凤梨等，原产热带美洲，为赪凤梨属多年生常绿草本花卉。喜充足明亮光照，畏直晒。喜温暖，不耐寒，在22～30℃温度条件下生长良好，34℃高温未见伤害，冬季休眠期最好不低于15℃，12℃以下停止生长，8℃以下有可能受寒害。喜湿润，不耐干旱，生长期间保持土壤潮湿，储水槽内有水，休眠期保持土壤湿润，过湿易引发烂根。喜通风良好。喜疏松肥沃、富含腐殖质、排水良好的沙壤土。

29. 巢凤梨、银线鸟巢凤梨、金线巢凤梨、矮生巢凤梨生态习性相同吗？

答：上述种及变种均产巴西，均为巢凤梨属，其习性基本相同，只有形态上的分别。喜充足明亮光照，耐半阴，不耐直晒，在光照充足明亮条件下，绿色叶片卷筒中心变为红色后，靓丽的色彩能维持很长时间，光照不足不但维持时间短，色彩也会变暗淡。苗期在半阴条件长势良好。喜温暖，耐高温，不耐寒，在室温20～30℃条件下生长良好，34℃高温未见有大的伤害，15℃以下生长缓慢，10℃以下停止生长进入休眠，进入休眠后室温最好保持10℃以上，以免受寒害。喜湿润，不耐干旱，不耐积水，生长期间保持叶筒内有水，并需洁净的水，盆土湿润，不能长时间过湿，休眠期间盆土稍干一些，相对空气湿度夏季在60%～80%，冬季50%左右。喜良好通风换气。高温或低温，光照不足、过于荫蔽、通风不良、肥水过浓会引发烂根。喜疏松肥沃、含腐殖质丰富、排水良好的微酸性沙壤土。

30. 栽培铁兰需要什么环境？

答：铁兰又称紫花凤梨，原产厄瓜多尔，为铁兰属附生类多年生常绿草本花卉。无明显休眠期，喜充足明亮光照，能耐半阴，不耐直晒。喜湿润及潮湿空气，盆土保持湿润，不过干不积水，相对空气湿度在75%～80%环境生长良好。光照不足，通风不良，盆土过湿易产生烂根，但早晚有直射光照环境生长健壮。在室温22～32℃环境下生长良好，越冬温度最好不低于18℃，12℃以下停止生长，低于10℃有可能受寒害，在渐变低温下能短时忍受8℃低温。栽培土壤应该是疏松通透、含腐殖质丰富，排水良好的微酸性沙壤土。

31. 歧花凤梨在哪种环境下生长良好？

答：歧花凤梨又称长苞铁兰，原产墨西哥、危地马拉等地，为铁兰属附生类多年生常绿直立草本花卉。无明显休眠期。喜半阴不耐直晒，在充足明亮光照下，生长健壮，花色、叶色鲜明，花箭发生多，花序整齐。喜温暖，耐高温，不耐寒，在室温25～32℃环境中生长良好，室温低于18℃生长缓慢，15℃以下停止生长，能耐短时8℃低温，低于8℃有可能受寒害，在室温高达34℃未见有伤害。喜湿润，不耐干旱，保持盆土湿润，不积水不过干，低温环境宜稍干，相对空气湿度保持在60%～80%。保持通风良好。喜疏松肥沃、排水良好、富含腐殖质的微酸性土壤。

32. 栽培空气草要求哪种环境？

答：空气草又称银叶紫凤梨、银叶小凤梨，也称迷你小凤梨，为铁兰属多年生常绿单生或簇生草本花卉，有一个较大种群，原产中美洲墨西哥等地，在原产地生长在高大的仙人掌上、枝条密集或带刺的灌木丛上或乔木树干上，悬挂于峭壁岩石或沙地上。对光照适应性强，大多数无根，靠叶片吸取水分及养分。喜充足光照，能耐半阴也能耐直晒，但在潮湿半阴环境长势最好，直晒下色彩干暗，观赏价值不高。喜温暖，耐高温，不耐寒，在室温20～30℃环境中长势最佳，能耐34℃高温，越冬室温最好不低于12℃，10℃以下生长渐慢，8℃以下停止生长，能耐短时6℃低温，低于6℃有可能产生寒害，冬季室温在18～20℃能继续良好生长。栽培场地要求空气湿度不低于60%，栽培种常固定于上水石盆景或假山上，不需要土壤，只要光照充足、空气湿度相对较高，室温适度，即能良好生长。其中叶色较暗、叶片较厚的种类可置直晒光照下栽培；叶色鲜绿，叶片较薄的种类最好放在半阴处栽培。

33. 小雀舌兰在哪种环境中生长最好？

答：小雀舌兰又称短叶雀舌兰、多浆凤梨、厚叶雀舌兰、硬叶雀舌兰等，常见的尚有高茎雀舌兰、疏花雀舌兰等种类，原产南美洲大草原，温度允许时无休眠期。喜直射光照，耐半阴，容器栽培在半阴环境长势比直晒下叶色更鲜明。喜湿润，能耐干旱，高温天气保持土壤湿润，低温季节减少土壤含水量，能耐干燥环境。喜温暖较耐寒，夏季常温下长势良好，冬季在室内能耐短时0℃低温。喜疏松肥沃、含腐殖质丰富、排水良好的沙壤土。

34. 虎纹凤梨在什么环境中才能良好生长？

答：虎纹凤梨又称丽穗兰、红剑等，原产巴西，为丽穗兰属附生类多年生常绿草本花卉。喜温暖，耐高温，不耐寒，在22～28℃环境中生长良好，越冬温度不低于10℃。喜充足明亮光照，光照不足不易开花。喜湿润，不耐干旱，保持叶筒内有水，相对空气湿度不应低于60%。喜疏松肥沃、含腐殖质丰富、微酸性沙壤土，在贫瘠土、高密度土壤中生长不良。

35. 彩苞凤梨在哪种环境中才能良好生长？

答：彩苞凤梨又称火炬凤梨、大鹦哥凤梨等，原产中南美洲及西印度群岛，附生类，为丽穗凤梨属杂交变种，多年生常绿直立草本花卉。喜温暖，耐高温，不耐寒，生长适温20～28℃，夏季室温高达33℃时未见有伤害，越冬休眠期室温最好在10～15℃，能耐短时3～5℃低温，低温环境保持偏干。喜充足明亮光照，最理想为中午遮光，上午8：00前、下午5：00后接受直射光照，花芽才易形成，良好开花。长时间低温，植株会受到伤害。喜通风良好。喜湿润，不耐干旱，保持盆土湿润，苗期叶筒内有水。喜疏松肥沃、富含腐殖质、排水良好的微酸性沙壤土。

36. 栽培莺哥凤梨需要哪种环境才能正常生长？

答：莺哥凤梨又称珊瑚花凤梨，为丽穗凤梨属园艺栽培种，多年生常绿直立草本花卉。喜充足明亮光照，中午遮光，早晨及傍晚最好有直射光，以利花芽形成、生长，花柄伸长正常开花，光照不足，很少或不能开花，直晒光照下易产生日灼，叶片枯黄或先端枯干。喜潮湿不耐干旱，过于干旱或空气湿度不足，同样产生叶片干枯，栽培土壤应保持湿润，叶筒内保持有水，相对空气湿度不应低于60%。生长期间室温应保持20～28℃，盛夏33℃高温未见大的伤害，越冬休眠室温保持10～15℃，以12℃左右最好，室温不宜过高，以免造成欲休不能，欲长又止，大量消耗体内贮存水分、养分，成为渐弱苗，给休眠结束后复壮带来难度。喜疏松肥沃、富含腐殖质、微酸性沙壤土。

三、繁殖篇

1. 凤梨类怎样分株繁殖?

答：分株繁殖指将母体产生的分蘖分离开来另行栽植的方法，为凤梨类主要繁殖方法之一。分离方法分为掘土分离及脱盆分离两种，操作时又分为切离或掰离两种方法。

(1) 准备繁殖后的养护场地：将场地内及四周杂物清理出室外并做妥善处理。平整场地，搭建或清理栽培床，并检修好供水、排水、供暖、通风、遮荫等设施，发现损坏及时修好，喷洒一遍杀虫杀菌剂。

(2) 准备分株时应用的容器：分栽用容器口径大小应依据形体类别、植株大小而选择。容器应用清水洗净，选用旧容器时，应将黏结在盆壁的水垢用钢丝刷或锉刀刷除后再用清水洗净。选用通气性好的瓦盆为最佳，应用高密度材质容器，配制栽培土时要求较好的通透性。

(3)准备分株用土壤：分株土壤通常不加肥料，选用通透性较好的腐殖土或腐叶土，细沙土或沙壤土各50%，或普通园土、腐叶土、细沙土各1/3。土壤充分晾晒或高温消毒灭菌，并充分翻拌均匀。

(4) 切或掰离分蘖：分离蘖芽有两种方法，其一为脱盆去宿土，在可分离处将蘖芽用两手掰离；另一种为用利刀切离。操作时将母株带盆放倒成横置方向，或盆口稍向下倾斜，一手托盆土表，一手轻轻拍打盆壁，盆土与根系脱离盆壁后即能顺利脱出。脱出后除去宿土呈裸根状态。掰离时一手握丛株基部，另一手将带根的蘖芽握紧基部向外下方用力将其掰下。切取时可放置于木板或土地面平面上，带根用利刀在可切离的基部位置切离母株，伤口涂蘸新烧制的草木灰、木炭粉或硫磺粉后另行栽植。已经分离后的母体或有部分尚未生根的蘖芽仍在母体上时，应及时回栽，母株仍能继续发生蘖芽，未生根的蘖芽回栽后仍能良好生根，待生根后再次切分，这种方法多在花后进行。如果发生的蘖芽不多，或在不定季节分离时，在蘖芽发生一侧将盆土掘出，见到蘖芽基部位置，用手掰离或用刀具切离，取出蘖芽后母株原土回填，刮平压实，分离的蘖芽另行栽植。

(5) 上盆栽植：将花盆底孔用塑料纱网或碎瓷片垫好，为排水顺畅，垫一层建筑用陶粒，再填土2～3厘米刮平压实，沿盆壁四周撒一圈腐熟有机肥，再填土将肥料掩埋上，然后一手握苗置于花盆中心位置，另一手用苗铲填土至留水口处刮平压实。

(6) 摆放：摆放场地在原地摆放时，场地应高于原地面，并铺一层建筑砂，以防浇水或喷水时溅于叶片。摆放时，后面（北侧）及左右两面留出足够的养护通道，然后规划出方，每方横向(东西向)5～6盆，长度依据温室进深而定，前窗处为防寒最少预留30～40厘米宽的空地，并宜横成行、竖成线，南低北高。高床摆放时，株冠最好不超过床边，以免养护时发生刮蹭。苗期最好遮荫50%～60%，温室采光面距地面越高遮光越少，反之则越多。

(7) 浇水：摆放完成后立即浇透水，并向储水槽注水，保持盆土湿润，不积水、不过干。浇2～3遍水，盆内土表基本稳固后改为喷水。

2. 凤梨类怎样播种繁殖？

答：容器栽培凤梨类观赏花卉大部分不能良好结实，只有部分种类可结实。对已经结实的植株应增加追施磷钾肥，并保持其习性、室温、光照等。当果实背后刚刚裂开时采收，采收的种子用清水洗净阴干即可播种。

(1) 播种容器的选择：

选择通透性较好的瓦盆、红泥盆、白砂盆、苗浅或浅木箱为最好，如选用容器壁材质密度较高的容器时，最底层的排水材料应适当加厚。

(2) 播种土壤的选择：

选择经充分暴晒或高温消毒灭菌的细沙土或沙壤土或建筑砂，单独应用，也可选用细沙土、腐殖土各50%拌均匀，如果有条件也可用普通园土20%、细沙土40%、腐叶土或腐殖土40%拌均匀后应用。

(3) 浇水方式方法：

最好选用浸水或喷雾，防止播种后种子移位，并保持略偏湿。

(4) 播种：

先将容器底孔垫好塑料纱网或碎瓷片，填装一层建筑用陶粒，应用容器壁通透性好的容器少垫一些，应用容器壁材质密度高的容器垫厚一些，以利顺畅排水。刮平后填播种土至留水口处，水口通常由土表至盆沿2厘米左右。刮平、压实、浸透水，将种子按4～8厘米株行距点播于土表，播后稍下压，使种皮露于土表不覆盖，用玻璃覆盖，土壤保持偏湿，用浸水或喷雾补水。置半阴场地，室温保持22～28℃，较耐寒的种类20～25℃，通常30～40天出苗。绝大多数种子出苗后，掀开玻璃一角通风，并逐步加大通风量至将玻璃掀除。保持室内相对空气湿度不小于60%。高温、高湿环境应每日检查长势，如发现有病虫害发生，应早防治。待小苗拥挤时，脱盆或掘苗分栽。

其它栽培养护参考分株苗。

另一种方法为在无菌条件下播种。采下已成熟但未开裂的果实用清水清洗，用75%酒精擦洗果皮，再用10%过氧化氢灭菌，之后，用无菌水冲洗3～4次。切开果实，取出种子，将种子播于固体营养基中。采用此种方法播种，1个月后即可发芽。当植株真叶长到5片左右时，可移植容器中栽培。

3. 分株时，不带根的苗怎样处理才能成活？

答：分株时不带根的苗可以一样按有根的方法及时种植在盆中即可。可用直径为10厘米左右的小盆来上盆就足够了。上盆种植时先在盆底用粗粒材料如陶粒、石砾、筛剩的粗泥炭等填入1～2厘米后，再装入一些分株土壤，把苗放入，再于四面填土，土壤装满至盆高约3/4，然后适当压紧，最后向叶筒内浇水，多余的水流入盆土，一直到盆土完全湿透。上盆时要特别注意，掌握好种植深度，一般苗的叶丛中心即生长点，应该与基质表面持平或略高一些，如果种植深了，容易造成心腐病。另外还可进行扦插，1～2个月，生根后再上盆种植。扦插方法参考菠萝果先端叶丛繁殖，另外如果尚未与母体分离，可回栽继续养护，待分蘖生根后再切分。

4. 春夏之际由超市购买的菠萝果，先端有15厘米左右的新叶丛，能否切下扦插繁殖？

答：应用菠萝果先端叶丛扦插繁殖，为菠萝繁殖的主要方法。扦插前先准备好容器及扦插基质，而后进行扦插。

(1) 准备扦插容器：容器可选用洁净花盆、苗浅、浅木箱等，其口径按插穗量而定，如果批量扦插，也可准备砂床、苗床或温室内叠畦扦插。砂床扦插，建床前宜先平整场地，将场地内杂草、杂物清理出场外，并做一次给水通风等设施检修，如需新设施时，均应于叠床前建好。按温室具体情况，用砖石砌筑扦插床。为便于养护管理，床宽最好不大于1.6米，长度依据温室进深而定，北侧预留运输或人行通道。床长向两侧预留操作通道。运输人行通道宽度通常不小于1.2米。养护管理通道不小于0.4米。通道宜平整，尽可能减少凸凹不平。床壁砌筑时尽可能不用结合材料，如水泥、砂石灰等，以免在改变用途时产生建筑垃圾及影响透气性，同时也节省建造费用。

(2) 填装扦插土壤：扦插土壤或称介质、基质等。常单独应用的基质有细沙土、建筑砂、蛭石、经腐熟的碎树末、锯末等。组合基质有沙土类60%、素腐殖土或腐叶土40%；或沙土类60%、蛭石40%；或素沙土类、粉碎树末或锯末各50%。也可垫以水苔，效果也好。不论用何种基质(除清洁无菌水苔外)均需高温消毒灭菌或充分暴晒，尽可能不选用化学灭菌。土壤准备好后，容器扦插时将洁净的容器用塑料纱网垫好底孔，垫一层建筑用陶粒，然后填装土壤至留水口处，留水口由土表至容器壁上沿1.5～2厘米。选用的容器最小口径不小于10厘米。畦床扦插时因面积较大，浇入的水分易调节，可直接应用独立介质或组合介质填入或更换，不再垫建筑用陶粒，如果床底为砖、石、水泥、灰土等硬面，仍应垫陶粒，以利排水。并浇灌一次杀虫灭菌剂，有根结线虫地区，应杀灭线虫后填土。

(3) 切插穗：为保证成活及相对生根容易，其果实最好在原产地或果品批发市场，购买未经进入冷库保鲜的种类，且需要挑选先端丛叶鲜活、无失水干枯及机械损伤、无病虫害的单果。切取插穗时，最好在果实先端叶丛基部向下2厘米左右处一刀切下，然后将果皮连同果肉由先端向切口处用力撕下，使插穗基部有1～2厘米原来生于果肉内的部分，同时将基部叶片用手掰除2～3片，伤口涂蘸新烧制的草木灰、木炭粉或硫磺粉，置通风良好干燥处，待切口外表干燥后进行扦插。

(4) 扦插：将填装好土壤的容器或整理好的扦插床或平畦，以叶片互不搭接为株行距，用手或苗铲掘一小穴，深度与切削好的插穗基部至叶片高度基本相等，将插穗置于穴中，四周压实刮平。容器扦插，容器口径10～12厘米通常1枚，14～18厘米口径3～4枚。

(5) 摆放：凤梨类为高温、高湿环境中生长的植物，扦插繁殖应充分利用现有条件，最好放置于花架上或空苗床上，因位置高于自然地面，温度高、升温快、保温时间长，易通风，湿度易调解，生根也快。置于温室内地面，生根就慢很多，无条件时只好放在地面上。畦、床是固定的，无法移动，只好用通风及浇水量调解。扦插期应适当遮光。在20～28℃、空气湿度不低于50%环境中，30～40天即可发生新根。恢复生长后逐步加大通风、光照，待适应环境后即可分栽。

(6) 浇水：摆放好后，次日选用喷雾或细孔喷头喷水致透，以后保持湿润，不积水、不过干。喷水时将场地四周同时喷湿，增加小环境湿度，并坚持按时通风。

也可以用利刀在贴近菠萝果基部将芽切下，伤口用杀菌剂消毒后稍晾干，蘸浓度为300～500毫升/千克的萘乙酸，扦插于珍珠岩、粗砂或组合培养土中，保持基质和空气湿润，并适当遮荫，气温保持在18～28℃的环境中，根部温度最好控制在20℃左右，1～2个月后即有新根长出。或切下后按产品说明涂蘸生根剂效果也好。

四、栽培篇

1. 小批量由南方引进的菠萝果裸根小苗，在温室内怎样容器栽植？

答：(1) 小苗运到前准备工作：

整理好栽培场地。为节约成本，栽培容器可选用10×10～12×10(厘米)小营养钵。栽植土可选用普通园土30%、细沙土30%、腐殖土或腐叶土40%，翻拌均匀、充分晾晒的组合土壤。

(2) 运到后及时开箱：

将小苗取出，放置在潮湿土地面或湿草垫上，并喷水保湿。

(3) 上盆：

将钵底孔用塑料纱网垫好后装填少量栽培土，刮平，一手握住小苗将根系顺畅放入钵内，一手向苗四周填土，保持小苗在中心位置，并随时扶正，填土至留水口处压实。

(4) 摆放：

栽培场地遮荫40%～50%。摆放宜便于养护管理、整齐洁净。

(5) 浇水追肥：

选用喷水，保持湿润，小苗恢复生长后不干不浇。高温天气应保持通风良好。新芽萌动后不干不浇，并追淡薄肥水1次，应用无机肥时，对水成浓度1%～2%，切勿过浓。逐步加大通风光照，待适应自然环境后换入大盆，移至室外，中午有适当遮光，早晚有直晒光照处栽培养护。

2. 北方庭院条件能栽培菠萝吗？怎样用容器栽培？

答：菠萝为热带水果，在北方冬季寒冷地区，无论在花圃或家庭环境栽培，均需夏季在温室内或室外栽培，冬季移回温室。北方栽培菠萝多数作观赏栽培，很少作食用水果栽培，并且受环境影响，果实相对较小，养殖成本也高，但口感相对较好。家庭条件最好能有间小温室或冬季有较好光照条件。

(1) 容器的选择：

选用清水洗刷洁净的18～34厘米口径深筒瓦盆或其它通透性较好的容器，如白砂盆、红泥盆、木盆等，每盆栽植1株。如为苗期，也有一定观赏价值时，也可选用12～16厘米口径容器，生长一段时间再换入大盆。应用旧花盆时，应将黏结于盆壁的污垢用钢丝刷或锉刀刷刷除后，用清水洗净后应用。如选用容器壁材质密度较高的塑料盆、釉盆、瓷盆等，配置栽培土壤时，应增加通透性较好的基质，养护管理也应加细。

(2) 栽培土壤的组合：

单独选用普通园土加5%～8%腐熟厩肥能生长，但长势较差。最好选用经充分晾晒或高温消毒灭菌的普通园土50%、细沙土20%、腐叶土或腐殖土30%，另加腐熟厩肥5%左右，应用腐熟饼肥、腐熟禽类肥或颗粒粪肥2%～3%，切勿过量，翻拌均匀再次暴晒至干透后应用。应用沙壤园土时，园土为60%，腐叶土或腐殖土40%。应用高密度材质容器栽培，将普通园土调整为30%，细沙土30%，腐叶土或腐殖土40%，另加腐熟肥原比例不变。

(3) 自繁扦插苗脱盆或钵：

扦插用的土壤或基质较为通透松散，加之根系不多、不长，很容易由容器中脱出。已扦插成活的盆插苗脱盆时，用一手托盆土并用两指夹好小苗基部，将其倒置，另一手轻拍盆壁即能带宿土脱出。小营养钵扦插苗脱钵时，一手托盆土并用两指夹好小苗基部，一手挤压钵壁即能带宿土脱出，脱出后尽可能带宿土或护根土栽植，如土球不散，整土球栽植更好。

(4) 栽植方法：

用塑料纱网或碎瓷片将容器底孔垫好后，垫一层建筑用陶粒或碎树皮或沤制腐叶土、沤制厩肥筛出的粗料，如无上述材料也可将砖瓦砸成小碎块，但后者重量较大。垫好后刮平，填装栽培土2～3厘米，刮平压实，沿盆壁四周撒一层腐熟肥料，再填土至盆高1/3至1/2处，再次刮平压实，将小苗带宿土放置于盆中心位置，使小苗基部基本与水口位置平齐，四周继续随填土随压实，填至留水口位置后，两手各握盆沿两侧，在土地面上，上下蹾实，蹾实后如盆土有下沉，应补填至水口处，如过满应刮除一部分，使土表至盆沿上口有2～2.5厘米合理的预留水口。

(5) 摆放及场地条件：

上盆栽植后置上午、下午有直射光照，中午半阴、通风良好处。中午直晒，天气过于干热，长势不良。家庭条件可放置于树荫下、棚架下等处，但需早晚有直射光，连雨天气时有防雨设施。当自然气温下降至10℃以下时，移至温室内或室内光照充足处，室温高于28℃开窗通风，室温过低、光照不足、通风不良均不能正常生长。

(6) 对水分及空气湿度的要求：

栽植后即浇透水，并保持盆土湿润，不积水不过干。生长期间每日早晨或傍晚喷水1次，干旱、干燥高温天气早晚各喷1次，喷水时将场地四周同时喷湿，确保较高空气湿度。雨后及时排水，一旦水涝会引发烂根，将无法挽救。冬季室内栽培阶段，盆土应见湿见干。

(7) 追肥：

菠萝喜平缓施肥，不能暴追暴施。当小苗新叶片充分展开后开始追液肥，生长期间每10～15天追肥1次，开始追肥宜淡，而后逐步加浓，追肥后增加浇水量，谓之肥大水勤。冬季室温低于15℃时不再追肥，如能保持夜间12℃以上，白天不低于20℃，应该为20天左右施1次。应用无机肥应以磷钾肥为主，最好间隔施用，如第一次应用氮肥，第二次、第三次应用磷钾肥，依次浇灌，或尿素、磷酸二氢钾1.5:2对水成浓度3%～4%成混合液浇灌。应用市场供应的小包装肥，按说明施用，前期应用促叶肥，后期应用促花肥。

采用埋施方法，可应用围施、分段施、点施，最好不用撒施。围施指将容器壁内四周土壤掘开，深2～3厘米，将肥料撒入沟内，然后原土回填，压实刮平。分段施为将容器壁内四周分为3～4段掘开盆土，将肥料撒入掘开段沟内，回填压实刮平。点施指用直径2厘米左右木棒、金属棒，沿盆壁内四周，隔一段扎一孔，将肥料灌入孔内然后刮平。最近有用小苗铲，沿盆壁分2～3段直接扎下然后向植株方向斜压使盆土成一裂缝，撒入肥料后复原刮平压实，能较为快捷。

(8) 中耕松土除草：

盆土土表板结时或肥后、雨后均应中耕松土，保持土壤疏松通透，以利根系呼吸顺畅。杂草在环境适应条件下全年随时可发生，除结合中耕铲除外，应随时发现随时薅除，并应连同根系同时除去，杂草幼时易除，大草难拔，幼小时根系很小很容易薅除，一旦长大，其根系与波萝根系缠绕在一起，薅除时很容易伤及菠萝根系，故只能用枝剪由基部以下剪除，既费力、又麻烦。

3. 10月初在南方旅游景点选购的盆栽菠萝，在北方楼房阳台上怎样养护？

答：10月份北方自然气温已经出现0℃低温。带回后白天如果气温在12℃以上，可放在阳台光照充足场地，晚间移至室内。最好中午浇水，土表不干不浇，并向叶片喷水。寒冷天气置封闭阳台或室内光照充足处，每20天左右追液肥1次，为防止异味，可选用无机肥中的磷酸二氢钾对水成浓度3%左右浇灌，以促果实成熟。冬天浇水或喷水，最好将自来水放入容器中晾一段时间，待水温与室温相近时再浇。可观赏一个冬季，翌春老株枯死，基部发生分蘖，分株另行栽植，或选用果实先端芽丛切下繁殖小苗。

4. 艳凤梨在北方怎样容器栽培？

答：艳凤梨喜充足光照，运回后最好摆放在光照充足场地，长时间光照过弱，叶色不鲜明。如陈设于光照较弱场地，应隔一段时间移至光照充足处复壮，复壮后再陈设。生长适温25℃左右，冬季在光照充足、盆土不过干条件下，可忍受6℃低温。生长期间空气湿度最好不低于50%。在高温、高湿、光照不充足场地，易产生徒长。栽培土壤应选用园土50%、细沙土20%、腐叶土或腐殖土30%，另加腐熟厩肥5%～6%，应用颗粒粪肥、腐熟禽类粪肥、腐熟饼肥为3%～4%，经晾晒后做一次pH值测试，最好在5.5～6为佳，如pH值高于7.5，可用硫酸亚铁溶液、明矾液调整。艳凤梨为菠萝的变种，其果实也为菠萝，除应在温室内栽培外，栽培养护可参考菠萝。

5. 新年在花卉市场选购的艳凤梨在楼房里怎样养护？

答：购买后的盆花可以摆在室内的任何一个位置，用于装饰观赏。但在光照充足明亮的位置更好。观赏期间不需要进行施肥，要注意经常向叶面喷水，以保持较高的空气湿度。而对于盆土干湿来说，在北方由于室内一般有暖气，空气干燥，等盆土表面1厘米深处见干时，再进行浇水。另外还要注意保持叶面的干净，随时用湿棉布轻轻把灰尘擦去。

6. 容器栽培红凤梨在温室怎样栽培养护？

答：红凤梨又称斑叶红凤梨、红菠萝等，因果实为红色而得名，为菠萝的变种，北方多为温室栽培，或夏季室外中午适当遮荫，早晚有直晒光照，则叶色较为纯正，光照不足叶色暗淡。栽培方法参考菠萝栽培。

7. 在花圃温室中用容器栽培银纹凤梨怎样才能良好生长开花？

答：银纹凤梨又有蜻蜓凤梨、丽叶光萼荷等多种名称，为附生类，株高可达40厘米，在栽培中属大型种类。

(1) 栽培容器选择：

初上盆为节约场地，可选用10～20厘米口径花盆，生长一段时间换入25～30厘米口径花盆。由于植株大，为防止倒伏，最好选用陶盆、釉盆、紫砂盆或瓷盆，这类栽培容器自身较重，不易倒伏。为提高植株观赏价值，盆壁画面不宜过于细腻，造成喧宾夺主，以单一颜色为佳。应用其它材质容器，应首先考虑稳固。

(2) 栽培基质或土壤的选择：

银纹凤梨在原产地附生于树皮上生长，根系不但吸收水分、养分，还起固定支撑作用，并全部或大部分裸露于空气中，故选择栽培基质或土壤必须相当通透，通透性不良不能良好正常生长。栽培基质可选用腐叶土、腐殖土、树皮、朽木屑等，加6%～8%腐熟厩肥，应用颗粒粪肥、腐熟禽类粪肥、腐熟饼肥为3%～4%，因根系不甚发达，不宜过浓，适可而止。应用组合土壤时，可用园土10%、建筑沙或河洗沙30%、腐殖土或腐叶土60%，加肥量与单独使用基质相同。用碎槟榔壳加棕皮加适量基肥效果也好，加少量废弃的苹果、梨等沤制的腐殖土效果也好。

(3) 栽培场地平整：

将栽培场地及四周杂草杂物清理出场外，原地面进行平整，并做成0.3%～0.5%坡度。原有花架或苗床维修整齐，如无苗床最好建立苗床。如需要增加上水下水、供暖、降温、通风等设施应于建苗床前施工，以免来回搬动造成麻烦。全部整理完成后喷洒一遍杀虫灭菌剂，如有地下害虫史、线虫病史，应浇灌药剂杀除。

(4) 建立栽培床或架：

原有栽培床架应于摆放前维修完好。如无床架时应先建立床架。光萼荷属多数喜较稳定的高温，栽培时最好不直接摆放在场地地面上。为操作方便，通常床面高于自然地面0.4～0.8米，温室空间高可高些，空间较矮应低些，使地面与床面之间有一段流动的空间，使盆土上下温度基本一致，每床或架宽度依据株冠大小能摆放5～6盆为最好，长度依据温室进深而定，后口(北侧)预留搬运通道，宽度不小于1.3米，每床两侧预留操作通道，宽度不低于0.6米。简易温室南侧采光面往往较低矮，也应考虑预留一段防寒空间。床架可用木材、角钢、金属管材、预制混凝土、砖石等建立，床面可用木板、组合竹板、预制混凝土板、钢丝网等铺设。

(5) 建立遮荫设施：

遮去自然光40%～50%，透明度较好的采光面多遮，较差的少遮。如能做到早晨和傍晚不遮，只在光照最强的中午遮荫则更好。简易温室遮荫材料可选用苇帘、荻帘、竹帘及遮荫网，夏季设在采光面外，冬季设于温室采光面内。冬季遮光与温室高矮、采光面材料有直接关系，温室内采光面高与室内地面远，潮湿空气阻隔越大，可遮光或不遮光，采光面距地面越近，空气阻隔小，中午仍需遮光。采光面材料透明良好需遮光，透明度差可不必遮光。无滴塑料薄膜因面料能将水珠气化，使空气含水量加大，透光率降低，可少遮或不遮。

(6) 上盆栽植：

先将苗的叶筒储水槽中的水倒出，待叶片及储水槽内无明水时栽植。将盆底用塑料纱网或碎瓷片垫好后，填装建筑用陶粒或砸碎的砖瓦碎块或碎石块及沤制腐叶土筛下的粗料，约占盆高的1/3至1/4，将苗带宿土或护根土放置在盆中心，四周填栽培土至留水口处，并随填土随压实，水口深度为土表至盆沿上口2.5～3厘米。苗基部与土表平，不宜埋土过深，过深易造成腐烂而死苗。填土时宜谨慎，勿使土壤落入叶筒储水槽中。另外储水槽中发现有污垢物，可用喷壶冲洗，然后将其倒出淋干，最好不用擦拭物擦洗，以免损伤吸收鳞片，造成栽植后生长不良。

(7) 摆放方法：

栽植完成后，按株高摆放于栽培床上，高的摆放于北侧，依次向南逐盆摆放，两侧植株留有余地，操作时为避免刮蹭叶片，株冠外侧叶片不超出栽培床，株行间均匀，互不遮光又能良好通风为准，并做到横成行、竖成线，既观之有序，又易清点数量。如出现单株或几株出圃，应及时调整补齐。

(8) 浇水与温度、湿度的关系：

摆放完成后即行浇透水，并将储水槽内灌满水，并应保持水的清洁且经常更换。一般情况在18～22℃为生长旺盛期，除保持盆土湿润外，叶筒内保持有水。16℃以下盆土稍干，储水槽内不再储水。低温环境，土壤长时间过湿或储水槽存水，易产生腐烂，特别是冬季休眠期更应控水。生长阶段相对空气湿度最好控制在50%～60%，保持盆土湿润，室温过高或过低，盆土含水量不足，相对空气湿度不足，不能正常开花。高温高湿季节加强通风。

(9) 追肥：

追肥是土壤中养分被植物吸收消耗后及时补充的方法之一。最常用的操作方法为浇施，生长阶段每20天左右追液肥1次。应用无机肥对水成浓度2%～3%后直接浇灌，每15天左右1次，也可对水成浓度0.2%～0.3%喷洒于叶片或对水成0.1%～0.2%灌于储水槽中，并保持储水槽存水7～10天后将水冲出或倒出，重新灌入肥液，肥液最好为多元素组合或应用市场供应的营养液。休眠期停止追肥。追肥时直接浇灌于土表，勿溅于叶片，以免因污染而伤叶。应用无机肥也可适量撒施后浇水，效果也好。如果能做到淡肥勤施，虽然费劳力、费时间，但效果更好。

(10) 中耕松土除草：

银纹凤梨组合土壤含杂草种子数量不会太多，发现杂草在幼苗时及时薅除。组合土壤较为疏松，空隙较大，一般情况也不会板结。如发现板结应及时中耕松土。

8. 斑马凤梨、珊瑚凤梨、长穗凤梨、斑叶紫光萼荷等栽培养护方法相同吗？

答：斑马凤梨、珊瑚凤梨、长穗凤梨、斑叶紫光萼荷它们都是光萼荷属植物，多数生长至13～16片叶即能开花，栽培方法基本一致。是凤梨类栽培种中的大型种。性喜充足光照，但在强光照射下容易灼伤叶片，宜在明亮的半阴场所栽培。叶厚。喜高温潮湿，气温最好终年超过16℃，不过本属大多数种类在短期寒冷情况下，不会造成太大的伤害。叶筒中必须经常储有清洁的水，要7～10天清除筒内积水，更换洁净清水，以免发臭或不清洁。栽培养护操作参考银纹凤梨。

9. 水塔花类怎样在温室内容器栽培？

答：水塔花类喜充足光照，能耐半阴，不耐直晒，多为丛生、附生植物。根系少，盆栽时盆不宜过大，也不要深，以能栽下植株周围有一定空隙即可。人工组合培养土可用腐叶土50%，细沙土或园土30%，泥炭20%，再加少量过磷酸钙和腐熟厩肥混合配制，通过充分晾晒或高温消毒灭菌而成。

生长期管理比较简单，置于充分明亮散射光处生长良好。春季早晚可接受光照，夏季中午强光阶段要进行遮荫。生长旺期需水分较多，但盆土又不可过湿，平时除浇水保持土壤湿润外，植株的叶筒中也可灌满水。冬季浇水要少，叶筒中也不要加很多水，保持湿润即可。平时要经常向植株周围喷水，保持较高的小环境湿度，并经常用软布擦洗叶面，保持叶面清洁光亮。对肥料要求不严，每月施一次饼肥水。如果选用水培，在水中加0.1%～0.3%的复合肥或化肥片，或市场供应的营养液，每15～23天更换1次就能满足植株需要。冬季要放阳光充足处，保持10℃左右温度，若超过20℃，则植株得不到休眠，会影响来年生长。盛夏气温超过30℃时，要做好通风降温工作，冬季适温需保持10～15℃之间，此时宜充足光照。采用无土栽培的水塔花则生长发育得更好。

10. 家庭环境怎样栽培红凤梨及银纹凤梨？

答：红凤梨又称红菠萝、斑叶红凤梨，为果菠萝的一种。冠幅较大，株高达90厘米以上，能耐直晒光，应选择30厘米以上口径高筒花盆。家庭栽培盆土可选用普通园土40%、细沙土30%、腐叶土30%，另加颗粒粪肥3%～5%。春季自然气温稳定于12℃以上时，移至庭院或阳台半阴场地，逐步移至直射光照下。光照强烈的夏季中午适当遮荫。早晨或傍晚视土壤干湿情况浇水，并将场地四周喷湿，保持盆土见湿见干。雨后及时排水。随时薅除杂草。生长期间每15～20天追肥1次，选用埋施可延长至25～30天1次。如果能薄肥勤施则更好。

阳台栽培时因植株高大，应将容器牢固地固定于建筑面上，以防风雨天气造成不测。并因单面受光，植株因追光很容易弯向一侧，应7～10天转盆一次。盆土板结时或肥后、雨后松土，保持土表通透。入秋自然气温夜间低于12℃时，晚间移至室内，白天仍移出室外，充分受光。白天气温低于15℃时，不再搬移，固定于室内光照充足处。盆土稍偏干，但仍需向叶片喷水。冬季浇水、喷水，用水水温应与室温相近，室温应保持15℃以上。春季自然气温稳定于12℃以上时，移到室外栽培。红凤梨开花结果后，果实成熟时母体即干枯，可用果实先端新芽繁殖。

银纹凤梨又称美叶光萼荷、蜻蜓凤梨。容器栽培株高30～40厘米，选择20～30厘米口径高筒花盆。家庭栽培银纹凤梨所用土壤既应考虑营养元素含量、通透情况，还应考虑植株稳固情况，故应调整为普通园土30%、细沙土或河洗砂（建筑砂）20%、腐叶土或腐殖土50%，另外颗粒粪肥3%～4%及垫底用的陶粒等。上盆时先将盆底孔用塑料纱网或碎瓷片垫好，装填一层盆高1/4左右的陶粒，也可用碎砖瓦块、碎石块、粗炉灰渣等代替，刮平后填栽培土栽植，放置好后即可浇水。南向阳台有遮雨罩时，可直接摆放于阳台面上光照充足明亮而无阳光直晒场地，无遮雨罩时应适当遮荫。东向阳台往往无直晒光照，可直接摆放于阳台面或阳台内花架上，西向阳台应遮光，北向阳台只要光照明亮，早晨或傍晚有直射光照能良好生长，光照不足不能正常开花。如终年在室内外保持16℃，不但长势健壮，也能按时开花。越冬室温最好不低于15℃。入秋夜间低于12℃时移回室内，翌晨仍移至阳台，经7～10天适应即可固定摆放在室内光照充足处。生长季节每日早晨或傍晚浇水保持土壤湿润，叶筒中有水，并向植株喷水2～3次。干旱、炎热、刮风天气增加喷水次数，保持砂盘等潮湿。冬季将叶筒中水排除，但需经常向叶筒内喷水喷雾，保持既无积水，又不过干。盆土不干不浇。并保持所浇水分温度与室温接近，喷水、浇水均需在室内常温下进行。

11. 住楼房条件，怎样栽培光萼荷类凤梨才能良好生长开花？

答：光萼荷在北方家庭阳台上栽培，最好在有防雨罩的南向阳台，如无防雨罩可放置于阳台内光照充足明亮的窗台或花架上，东向阳台有半日光照，且光照不是很强可不遮光，西向阳台虽然也是半日光照，但光照强度大，应遮荫50%～60%左右。北向阳台如果光照明亮，且早晚有直射光照时也可栽培，如果光照过弱则不能应用。光照过弱，不但不能正常开花，生长势也弱。光萼荷株冠较大，株高可达40厘米以上，选择容器不宜过小，最好选用口径24～30厘米高筒花盆，盆土选用经充分晾晒的普通园土30%、细沙土30%、腐叶土或腐殖土40%，另加颗粒粪肥3%～4%，以及垫盆底的建筑用陶粒等。上盆时垫好盆底孔后装填陶粒，也可用碎砖瓦块、小石块或沤制腐叶土筛出的下脚粗料、粉碎的树枝、树皮、木屑等，填至盆高的1/4左右，刮平后再填栽培土2~3厘米，再次刮平，沿盆壁四周撒一圈薄薄的颗粒肥或其它腐熟有机肥，再用栽培土覆盖，使肥料不接触植株根系，然后进行栽植。栽植完成后在阳台面或窗台花架等处放一个砂盘、砂箱或接水盘，将花盆放在砂盘等上，浇透水，并保持盆土湿润，砂盘潮湿或盘内有水。

室内越冬苗于室外自然气温稳定于15℃以上时移至阳台，浇一次透水并坚持每天向叶片喷水2～3次。恢复生长后向叶筒内灌满水，保持筒内经常有水。为防止叶筒内水分变质，最好7～10天换水1次。遇干旱、炎热、大风天气应增加喷水次数。有条件追施腐熟有机肥最好。为不发生异味通常选用无机复合肥，对水浓度3%～4%，每15～20天追浇1次，也可按0.2%左右浓度对水喷于叶片及灌入叶筒中，每10天左右1次。休眠期停肥。阳台多为单面采光，应7～10天转盆1次，以免因株冠追光而偏向一侧。入秋减少浇水及喷水，但砂盘应保持潮湿。

自然气温夜间低于12℃时，移至室内光照充足处。冬季土表不干不浇，叶筒内的水倒出。每天喷雾一次，但不能有积水。室温最好不低于15℃。喷雾、浇水，水温最好与室温相近。休眠期间土壤过湿，叶筒内积水，室温长时间过低，易产生烂根。如发现叶片或叶筒内有浮尘，应于每天室温最高时间段将植株放倒喷洗或用湿棉布擦拭，擦拭宜轻。叶筒内可用湿棉球轻轻擦拭，以免伤及吸收鳞片。喷洗或擦拭后应保持无明水。

12. 姬凤梨在温室内容器栽培如何养护管理?

答：姬凤梨为凤梨中株型较小的种类，多丛株栽培或选用口径较小容器，习惯上单株栽培选用口径12～14厘米高筒花盆；丛株选择14～18厘米口径高筒花盆。盆土选用园土30%、细沙土30%、腐叶土或腐殖土40%。园土为沙壤园土时，应为园土60%、腐叶土或腐殖土40%，另加腐熟厩肥5%左右，并经充分暴晒致干或高温消毒灭菌翻拌均匀。上盆时盆内底层放一层陶粒或碎砖瓦块、小石块或用堆沤腐叶土过筛后下脚粗料，然后加栽培土栽植。置光照明亮栽培床上，夏季遮荫30%～50%，冬季需充足光照，全年光照越充足明亮、越美观。直晒光下叶片先端易干枯，有日灼发生。生长期间盆内土壤不能过湿，长时间过湿会烂根，应保持盆土表面不干不浇水，冬季也需保持偏干，但栽培场地应保持60%～70%的相对空气湿度，养护中除浇水外，每天需向栽培场地四周喷水，增加小环境空气湿度。浇水时最好灌入叶筒中。生长期要求室温22～30℃，高于30℃开窗通风，冬季室温保持15～22℃，低于15℃时更应控制浇水。在适温条件下生长旺盛期，每月余追液肥1次，追肥不宜过浓也不宜过勤，选用埋施时每隔40～60天1次。施用无机肥最好对水成浓度2%左右浇灌。应用市场小包装肥料，可按说明减半施用，冬季停肥。由于园土含量多，肥后易板结，且易生杂草，应及时松土除草。从生株生长至拥挤时，于春季脱盆分株或更换大盆。由于需要肥分不多，可多年不换土。

13. 容器栽培红叶小凤梨怎样才能良好生长?

答：红叶小凤梨株高不足20厘米，为观赏凤梨中的小型地生种，株冠较为铺散。单株栽培选用12～14厘米口径高筒盆，从生株依据株冠大小选择。株冠与花盆大小比例能协调为最好。栽培土壤选用普通园土40%、细沙土30%、腐叶土或腐殖土30，园土为沙壤土时，用量应为70%、腐叶土或腐殖土30%，另外加腐熟厩肥5%~6%，应用腐熟禽类粪肥、腐熟饼肥、颗粒肥3%左右及垫底的陶粒。红叶小凤梨耗肥量不大，加入基肥不宜过多，过多则影响根系增多或伸长。生长期间适温环境保持土壤湿润，低温条件保持偏干，长时间保持盆土过湿会引发烂根。浇水时直接浇向株冠。冬季浇水时水温与室温相近。相对空气湿度保持50%～70%，空气湿度过低光照不足会引发叶色暗淡，先端干枯。室温保持22～30℃，高于30℃，相对空气湿度过高，及时开窗通风。越冬室温最好不低于15℃，高于25℃开窗通风。光照强烈的夏季适当遮光，如有条件中午遮光40%～50%，上午、下午有良好光照则更好。冬季需光照充足。发现株冠弯向强光一侧及时转盆。盆土板结或肥后松土。随时薅除杂草。生长期间每50天左右追肥1次。应用无机肥对水成浓度2%～3%浇灌，最好不选用埋施。

14. 纵缟小凤梨在温室中容器栽培怎样才能良好生长?

答：纵缟小凤梨株高不足15厘米，叶片四射铺散向外弯垂，单株栽培可选用口径10～12厘米高筒花盆，丛株栽培花盆口径适量加大。单株型体虽小，叶形、叶色美艳，相对比丛株观赏价值更高。

盆土选用普通园土40%、细沙土30%、腐叶土或腐殖土30%，另加腐熟厩肥3%～4%，不宜加浓，应用腐熟禽类粪肥、腐熟饼肥、颗粒粪肥为1.5%～2%。园土为沙壤土时，用量为70%、腐叶土或腐殖土30%。土壤肥料需经充分暴晒致干。夏季适光适温环境保持盆土湿润，室温变化大时，土表不干不浇水，室温较低时保持偏干。但相对空气湿度应保持60%～80%。浇用的水，水温应与室温相近，并直接向株冠喷浇，同时将场地及四周喷湿，并每日向场地喷水1～2次，遇有干旱、炎热天气增加喷水次数，只限于场地，勿喷向植株，使植株附近小气候空气湿度增加。盆土含水量仍保持不过湿。每40～60天追液肥1次，也可选用无机肥对水成浓度3%，15～20天1次，可喷施或浇施，冬季停施。

在室温22～30℃条件下，长势健壮，生长速度快，高于30℃开窗通风加大通风量，简易温室，夏季整日通风，不关闭通风口或通风窗。入秋后视室温及空气湿度关或不关，室温高、湿度大不关；室温低、湿度低需要关闭。越冬室温最好控制在15～22℃。切忌盆土长时间过湿或积水，以免造成烂根。夏季适当遮光，冬季需光照充足。光照过弱叶片变淡变薄，长势渐弱；过强会引发灼伤。在稍强的明亮光照下，叶边最鲜艳。在塑料薄膜简易温室中，温室空间较高的中后口，在不遮光的条件下长势也好。

15. 虎纹小凤梨怎样栽培养护？与宽虎纹小凤梨栽培方法相同吗？

答：虎纹小凤梨属于凤梨科丽穗凤梨属，是环带凤梨的别称。株高约15厘米，通常选用口径12～14厘米高筒花盆，从株栽培适量加大。栽培土壤选用普通园土40%、细沙土30%、腐叶土或腐殖土30%。另加腐熟厩肥3%～4%。适于生长在潮湿的环境中，夏季需充分浇水，土壤过于干燥或空气湿度过小，叶片易卷曲枯萎，相对空气湿度最好保持在60%～80%，但浇水过多土壤易生青苔，导致烂根死亡。生长期每隔半月施肥1次。冬季温度过低，应停止施肥，减少浇水，保持盆土湿润即可。

宽虎纹小凤梨为园艺栽培小型种，与虎纹小凤梨栽培方法基本相同。

16. 五彩小凤梨怎样容器栽培？

答：五彩小凤梨单株盆栽不宜用过大的盆，以10～14厘米口径高筒花盆为宜。盆底部位适当填充一层陶粒、碎砖块或碎瓦砾以利于排水。盆土选用普通园土40%、细沙土30%、腐叶土或腐殖土30%，另加腐熟厩肥4%左右。一般2～3年换盆1次。最适生长温度为22～25℃，冬季放在15℃以上室内，15℃以下停止生长。长期低于10℃会受寒害。喜光照，叶片在充足的光照下更艳丽，但夏季要避免强光直晒，以免灼伤叶片。一般先在较强的阳光下培养出具有美丽色彩的叶子，然后放在明亮的室内欣赏。光线过弱，会使叶片色彩变淡，一般房间内可连续观赏数周。栽培养护期间要经常保持盆土湿润，但不能积水和长时间过湿，雨季避免盆土积水。生长季节经常向叶面喷水，并向叶筒中灌水，叶筒中每隔7天左右换水1次，以保持新鲜并且不能断水。冬季减少浇水，使盆土适当干燥，并将叶筒内清水清除出去。生长期每月施1次液体肥料，每月增加1～2次磷钾肥，在根施的同时也可叶面追肥，其浓度为根施肥料的1/10，冬季不施肥。

17. 我家庭院有简易小温室，怎样栽培姬凤梨类才能良好生长？

答：家庭庭院建有小温室条件，应冬季备有供暖保温设施，以确保越冬室温。夏季有防雨、遮荫设施，以调节强烈阳光及确保土壤含水量。因受环境条件限制，夏季室内光照不足，在室外适温条件下移至有防雨设施的棚架下栽培，入秋移回小温室。栽培养护方法与温室栽培基本相同，可参考以上各问。

18. 姬凤梨类在楼房阳台上怎样栽培管理？

答：姬凤梨类为体型较小的矮生种，适合阳台栽培。阳台栽培以南向阳台为最好，有防雨罩时可直接放置于阳台面上。无防雨罩的阳台或护栏内应适当遮荫，在中午强烈光照时遮荫，早晚能有较好光照则叶色更鲜艳。东向阳台视光照强度具体情况遮荫或不遮荫，西向阳台则必须遮荫。北向阳台需有充足明亮光线、早晚有直射光条件才能良好生长。阳台环境空气干燥，应于盆下设砂盘、砂箱或接水盘，将植株带盆放于其上，以增加湿度。植株距建筑物侧立面不应小于40厘米，以免因建筑物释放热量损伤叶片。阳台条件多数为栽培与观赏同时进行，花盆的大小与植株大小也应相匹配。通常单株栽培选用口径10～12厘米深筒花盆，丛株依据株丛大小选用14～16厘米口径高筒花盆。盆应更加通透，既保湿也能良好排水。通常选用园土30%、细沙土30%、腐叶土或腐殖土40%，另加颗粒粪肥3%～4%，经充分暴晒干透后应用。盆内底部垫盆高1/4的陶粒或碎砖瓦块、碎石块、炉灰渣等其中一种或混合应用。生长期间每日早晨或傍晚浇水，浇水时直接浇灌于株冠上，由于空气干燥，通常当天土表即能见干。阴雨季节土表不干不浇，保持砂盘内沙土潮湿或接水盘有水。雨季接水盘内的盆下宜用小木板垫高，使盆底不直接接触水分，使盆壁及底孔不吸收水分，只起释放潮湿空气作用。炎热、干旱、刮风天气增加喷水次数，盆土过干，相对空气湿度不足，叶片先端会干枯。长时间盆土过湿会引发烂根。每隔40～50天追肥1次，为防止肥水发出异味，可在沤制肥水时加入适量EM菌液，如市场无小包装肥供应时，可向禽类或家畜养殖场求助。应用无机肥时，对水成浓度3%～4%，直接浇灌于盆土土表，也可对水成浓度0.2%～0.3%，每15天左右浇或喷向株冠，作根系追施。气温低于15℃时停肥。因园土细沙土含量较大，肥后易产生土表板结，应及时松土，发现杂草及时薅除。每7～10天转盆1次，以免因追光而植株弯向一侧，一旦弯曲很难恢复端正的形态。

敞开阳台或护栏中栽培苗，当自然气温下降至12℃以下时，晚上移入室内，白天仍然移出室外，返复10天左右，固定摆放于室内光照充足场地。越冬室温不应低于15℃，保持盆土稍干，土表不干不浇水。浇用的水应提前由自来水放入容器中，待水温与室温相近时再浇灌或喷淋，喷水浇水均应在室内进行，切勿移至室外。如摆放在暖气罩上，除砂盘、接水盘一起摆放外，还需垫一层木板或塑料泡沫板。入室后的植株每天需喷水1次或用湿棉织品擦拭，不使叶片过干，如能选用喷雾则更好。室外自然气温稳定于15℃以上时，移至阳台栽培，封闭阳台应开窗加大通风量。株丛过于拥挤时脱盆分株，长势过弱应脱盆换土。

19. 怎样栽培好火轮凤梨？

答：火轮凤梨，又有火冠凤梨、秀美果子蔓之称，附生类小型种。单株栽培选用12～14厘米口径深筒花盆，丛株多选用16～18厘米口径深筒花盆。栽培土壤选用普通园土20%、细沙土20%、腐叶土或腐殖土60%。

应用沙壤园土时应为普通园土加细沙土的比例总和，再加腐叶土或腐殖土，另加腐熟厩肥5%～6%。应用腐熟禽类粪肥、腐熟饼肥、颗粒或粉末粪肥为3%左右，经暴晒干透或高温消毒灭菌后，盆底垫陶粒或碎砖石块等栽植。夏季温室栽培需遮光50%～70%的半阴环境，也可放置于荫棚下栽培，光照过强易引发灼伤，光照过弱长势也弱，且开花不良，花序小，光泽淡，甚至不能开花。在室温或自然气温16～18℃环境中长势最好，高于20℃应加强通风，场地及四周喷水降温。高温环境中产生徒长，叶片变窄、变瘦、柔弱下垂。越冬室温最低保持8～10℃，不宜再低，过低则受寒害。在光照良好、湿度适宜、室温15℃以上能提前抽箭开花。长时间保持盆土湿润，不积水、不过于干燥，每日上午用喷淋方式浇水，保持叶筒内有水，养护期间经常检查储水情况，发现无水时及时补灌，并保持水的洁净。浇水时将场地及四周同时喷湿，以增加小环境空气湿度，如能常年保持相对空气湿度在60%～75%，长势更好，叶色更明亮，花色更鲜艳。盆土过干、空气湿度不足，小花早枯，鲜艳的苞片先端干枯，降低观赏价值。15～20天追液肥1次，应用无机肥时对水成浓度3%～4%，叶筒内灌浇浓度为0.3%左右。

20. 垂花果子蔓、离花果子蔓、黄苞球凤梨与火轮凤梨栽培方法相同吗？

答：垂花果子蔓、离花果子蔓均为附生类，叶片较长，花葶较高，选择栽培容器口径稍大些，以求稳妥。栽培养护方法与火轮凤梨基本相同，可参照进行。黄苞球凤梨为地生类型，除选择比例合适的栽培容器外，栽培土壤应选普通园土40%、细沙土30%、腐叶土或腐殖土30%，另加腐熟厩肥5%～6%，经充分暴晒后应用。其它栽培养护措施差别不大。

21. 家庭环境怎样莳养好果子蔓类凤梨？

答：家庭环境虽然面积不大，栽培数量不会太多，但情况非常复杂。其中包括庭院、平房、楼房的阳台、护栏甚至屋顶花园等多种不同小环境。但只要能利用或人为制造适合其生长的条件，还是能栽培成功的。

在庭院中如能建立具有供暖、保温、通风设施的简易小温室或庭院荫棚，按常规温室栽培为理想的方法。无条件建立简易小温室，应于夏季移出室外摆放于棚架下、树荫下、屋檐下，明亮不直晒有防雨设施的潮湿场地。场地地面最好铺一层建筑沙或砂盘、砂箱、接水盘等。每天早晨或傍晚用喷淋方法浇水，并将场地四周喷湿。保持叶筒内有水，炎热、干旱、刮风天气增加喷水次数。雨后及时排水。每隔15～20天向土表追液肥1次，应用无机肥时浓度为3%～4%，同时向叶筒内灌浇浓度0.3%左右无机肥。有机肥不能灌叶筒用，免得肥污不易清理。应用市场供应的小包装肥按说明施用，高温或低温天气应延长间隔时间。冬季停肥，自然气温16～18℃长势最好。入秋自然气温低于15℃时，晚间移回室内，白天仍移至原处，待适应环境后，固定于室内光照充足处，仍需保持盆土湿润、叶筒内有水，水温与室温相近，及较湿的小环境。每天喷水1次，每天在良好光照下，室温保持不低于8℃。

阳台栽培，四向阳台要光照明亮，在砂盘、砂箱或接水盘内保持盆土湿润，叶筒内常年有水。高温季节保持良好通风降温，能良好生长。四季厅（阳光房）按温室常规栽培。屋顶花园需设有防风、防雨荫棚及冬季栽培养护用的小温室。栽培土壤、容器参照常规栽培。

22. 怎样在温室内栽培鸟巢凤梨？

答：鸟巢凤梨为附生观叶类，叶长约35厘米。选用12～15厘米口径高筒花盆。盆土选用经充分暴晒或高温消毒灭菌的普通园土20%、细沙土20%、腐叶土或腐殖土60%，另加腐熟厩肥5%～6%，翻拌均匀，盆内垫一层陶粒后应用。夏季遮光50%左右，高大温室后口可不遮光。在遮光60%～70%环境中能良好生长发育。在室温20～28℃环境中生长良好。越冬室温不应低于5℃。生长季节保持盆土湿润，需每天喷水1次，并保持叶筒内有水，并保持水的清洁，发现有污物或浑浊及时倒除更换新水，冬季气温较低时将水倒出。每20天左右向土表追液肥1次，应用无机肥应对水成浓度3%～4%，叶筒内浇施时浓度为0.2%～0.3%。北侧栽培苗每10～15天转盆1次。发生杂草及时薅除。

23. 鸟巢凤梨与银绒鸟巢凤梨栽培方法相同吗？

答：银绒鸟巢凤梨为鸟巢凤梨变种。只有形态上的不同，栽培方法无大的区别。

24. 家庭阳台环境怎样莳养鸟巢凤梨？

答：鸟巢凤梨在四向阳台上均能栽培，但以南向为最好。栽培容器选用口径12～15厘米深筒花盆。盆土选用普通园土20%、细沙土30%、腐叶土或腐殖土50%，另加腐熟厩肥5%左右或腐熟禽类粪肥、腐熟饼肥或颗粒粪肥2%～3%，经充分晾晒后翻均匀应用。上盆后浇透水，放在有明亮光线、不直晒的地方，正常室温下能生长良好。冬天最好保持温度在8℃以上。盆土表面1厘米深处干后再进行浇水。中央的叶筒要经常灌满水，每月要把植株叶筒的积水倒掉，然后注入新鲜水。植株喜高的空气湿度，栽培场地保持相对空气湿度60%～70%。栽培环境干燥期间，可把花盆放在潮湿的砂盘或接水盘上，经常喷水。生长季节每15～20天施1次无机复合肥，对水成浓度3%～5%，施肥不光浇入基质内，还要按0.3%左右浓度灌入叶筒。冬季将水倒出，保持盆土湿润。浇水、喷水在室内进行，并使水温与室温相近。

25. 铁兰与小红剑栽培方法相同吗？

答：铁兰凤梨叶片长不足30厘米，为附生小型种类，栽培容器选用10～15厘米口径深筒盆。喜温暖湿润的半阴环境。栽培应用粗沙与腐叶土对半混合配制，也可用苔藓、蕨根、碎树皮块等做栽培基质，并在盆底填充一层陶粒、碎砖瓦块、碎石块等排水物，因其对钙质材料极为敏感，故应避免使用含钙量高的材料做盆栽材料。平时保持盆土湿润而不积水，叶面要经常喷水。生长季节为15～20天施1次液体肥料，浇灌到根部或喷到叶面上均可。由于叶片上的吸收鳞片比较发达，大部分水分和养料都是靠叶片吸收，故叶面施肥的效果较为明显，但浓度应为根部施肥的1/10。冬季保持盆土稍干，少对叶面喷水，停止施肥。夜间维持12℃以上，白天

18℃以上。夏季避免烈日暴晒，加强通风。冬季则更多见阳光，叶片硬而灰白的需要强光照。

小红剑也为附生小型种，与铁兰栽培方法基本相同。

26. 花友赠送给我3个品种裸根的小型空气草，叶片蓝灰色扭曲状，玲珑小巧，非常可爱。怎样栽培才能成活并良好生长?

答：空气草为一种很特殊的小型观赏植物。在原产地单株或成丛悬挂在灌木丛、石崖、仙人掌或在沙地上，可盆栽或附着于山石、墙壁或树枝上，或悬挂于温室梁架上。

(1)室内有流水的假山及山水盆景上栽培：

建造假山或制作山水盆景时，预留栽植穴，将穴内放一些建筑沙，再将植株放在沙土上，能牢固定位即可。

(2) 悬挂栽培：

用细棕绳、麻绳等将植株体几个或十几个成串拴牢悬挂于温室、四季厅等大型种植物枝条上，使其成悬垂如练如藤，或悬挂于山石峭壁上，或棚架、桥洞墙壁上。

(3) 单株附着栽培：

单株或单丛或多个单株列植，散点固定于树干、岩石、墙壁等处。

(4) 沙地栽培：

单株或丛株按自然形式栽植于粗沙（建筑沙）场地。

(5) 容器栽培：

容器不宜过大，通常口径8～10厘米。盆土选用建筑沙，不加任何肥料，其所需养分由空气及水分中吸取即能生存。

叶片较厚、叶色灰绿、灰褐、灰红等种或品种，能在半阴或光照较强条件下良好生长。叶片较薄、叶色较绿的种或品种，在明亮光照下生长，而不耐直晒。在20～30℃室温或自然气温下长势最快，越冬室温最好不低于10℃，能耐短时5℃。夏季每天喷雾2～3次，炎热、干旱、刮风天气增加喷雾次数，阴雨天气不喷。保持场地相对空气湿度50%～70%，但植株上不能长时间积水，积水会造成腐烂。并应保持通风良好。庭院或阳台栽培，夏季每天喷雾3～4次，冬季1～2次。在上水石上栽培可减少喷雾，只要上水及有适合生长的温度及光照即能良好生存。

27. 怎样栽培好小雀舌兰？家庭条件能良好生长吗？

答：小雀舌兰为小型凤梨类花卉，株高约20厘米，单株或多株成丛。栽培容器选用口径10～15厘米通透性较好的瓦盆。应用深筒盆或盆壁材质密度较高的瓷盆、釉盆、塑料盆时，应于盆底垫一层陶粒、碎砖瓦块等以利排水。单株栽培小一些，丛株栽培大一些。盆土选普通园土30%、细沙土40%、腐叶土或腐殖土30%，另加腐熟厩肥5%左右，应用腐熟禽类粪肥、腐熟饼肥、颗粒粪肥时为3%左右。经充分暴晒干透或高温消毒灭菌，pH值调整至5.5～6.5后应用。夏季在光照、通风良好的温室及室外均能良好生长。

温室内栽培应摆放在光照充足或稍有遮荫场地，室外栽培应于自然气温稳定于12℃以上时出房，置半阴场地，逐步移至直晒处，使其对室外光照有一段适应时间，以防引发日灼。高温季节保持盆土见干见湿。最理想为盆土上部分已干，而下半部仍有潮湿时浇水，直观上可看瓦盆外壁上半部颜色变浅，下半仍有湿痕时为浇水适时。浇水时间最好在早晨或傍晚，浇水后短时不能渗入土壤或产生积水，应及时查找原因，并加以排除。阴天不浇，雨后及时排水，长时间土壤含水量过大会引发烂根。稍干些不影响生长，但也不能长时间过干。冬季保持偏干，对空气湿度要求不严，在正常自然湿度下生长健壮。室温或自然气温20～33℃长势良好，无休眠期可常年生长，15℃以下长势缓慢，能耐短时1～2℃低温，但长时间8℃以下会受到伤害。

室外栽培苗最理想在自然气温出现12℃时，移回温室光照充足场地。每20～30天追液肥1次，应用无机肥时，应对水成浓度3%～4%，直接浇灌于盆内土表，勿溅于叶片。冬季室温12℃以上应坚持每30～40天追肥1次，不能保证室温时停止追肥。土表板结时浅松土，适时薅除杂草。

家庭条件只要有良好光照，冬季能保持室温，庭院或阳台均能栽培。有半日直晒光或半阴树下、棚架下能良好生长。楼房条件除北向阳台外，其它朝向阳台均能栽培。应每7～10天转盆1次。对昼夜温差小及冬季室内反温差均不受影响，但必须保持白天的充足光照及偏干的盆土。

28. 莺歌凤梨、彩苞凤梨、虎纹凤梨栽培方法相同吗？

答：莺歌凤梨、彩苞凤梨、虎纹凤梨虽然形态区别较大，但同为一个属，生态习性相差不大。莺歌凤梨又称歧花鹦哥凤梨、珊瑚花凤梨、歧穗凤梨等，为小型园艺栽培种。叶长30厘米左右。彩苞凤梨又称大鹦哥凤梨、火炬、大剑凤梨，株高20～30厘米。虎纹凤梨又称红剑、花叶兰、丽穗兰等，株高可达60厘米。

选择栽培容器时，应依据株高及株冠大小而定。习惯上为口径14～38厘米左右深筒花盆。盆土为普通园土30%、细沙土30%、腐叶土或腐殖土40%左右，另加腐熟厩肥6%左右。应用腐熟禽类粪肥、颗粒粪肥、腐熟饼肥为3%左右，翻拌均匀，经充分暴晒干透，并将土壤pH值调整至5.5～6.5。盆底垫一层陶粒或碎砖瓦块、小碎石块等后栽植。置充分明亮或早晨、傍晚有3～4小时直射光照场地，以促花芽形成。苗期可在半阴环境中栽培养护，光照不足长势瘦弱，直晒光过强易引发日灼。在22～28℃室温或自然气温下长势良好，15℃以下生长缓慢。越冬休眠期室温最好不低于10℃。温室栽培苗高温天气全天全量通风。

生长季节上午或下午浇水，保持盆土湿润，叶筒内有水。发现叶筒内水质变色、污浊及时倒出，更换清水，并将污垢轻轻冲洗或用棉团轻轻擦拭，宜轻不宜重，可反复几次冲洗，勿伤槽内吸收养分的鳞片。盆土勿过湿、勿积水，低温天气土壤长时间过湿会引发烂根。冬季将叶筒内水分倒出。保持盆土土表不干不浇水。

夏季每15～20天追稀薄液肥1次，不宜过浓。应用无机肥时对水成浓度2%～3%浇灌于盆内土表。向叶筒内浇灌时，对水成浓度0.2%～0.3%，可结合换水时进行，切勿将有机肥或浓度较高的无机肥灌于叶筒内，如有误灌，及时倒出换入清水，过3～5天后再灌肥水。成年植株追施稍勤，并以磷钾肥为主。追施时，可追磷钾肥2～3次后再追施氮肥1次。施用复合肥无法分开，稀释后即可浇灌。家庭环境应用市场供应的小包装肥时，苗期以促叶肥为主，兼施促花肥。成年苗应以促花肥为主，少量追施促叶肥。追施液肥最好在早晨或傍晚，避开炎热的中午、休眠时间及花期停肥。随时薅除杂草。发现土表板结应浅松土，保持盆土通透。相对空气湿度在70%以上长势健壮，湿度不足，叶色变暗，甚至叶片先端干枯。

29. 温室中栽培的凤梨开花后叶片逐步变暗，植株萎蔫，发生的脚芽仍长势良好，应如何挽救？

答：凤梨花箭由植株叶筒中心位置抽出的种类，绝大多数开花后老株失去有性繁殖能力不再抽箭开花，逐步进入老化。叶片先端开始变黄变暗，干枯，全株萎蔫死亡。基部产生分生蘖芽并旺盛生长。这个过程有的为几个月，有的能持续几年，属正常生理活动。故应分株繁殖，淘汰老株。

30. 摆放在会议室桌上的凤梨，叶片先端枯干是什么原因？怎样才能不出现这种现象？

答：开花的植株，原来自幼苗至开花一直生长在条件优越的栽培温室中，所需要的光照、湿度、温度、水分、肥分，均为人工调节至最佳状态。开花后摆放在会议室内，短时间内环境发生很大变化，加之养护管理跟不上而造成损伤。为不出现叶片先端干枯现象，应于陈设前备好砂盘或接水盘，为不降低观赏性，砂盘中的砂粒可选用建筑用白云石（小八厘石），并将其喷湿，将花盆摆放在砂盘或接水盘上，每天向植株喷雾2～3次，发现有灰尘时及时用棉团或棉织品擦拭。如光照过弱、通风不良，应在不开会时，移至光照、通风良好场地养护，有会议时再移回陈设，即可减少或不出现这种现象。

31. 什么叫矾肥水，怎样配置？

答：矾肥水是一种偏酸性的液体肥料。按硫酸亚铁3千克、饼肥15千克和水250千克的比例配置成混合液。配置方法：将这些材料一起投入缸中，因有腐蚀性，不能选用金属容器。放置阳光下暴晒，发酵1个月左右，经充分发酵后变成黑绿色液体，取其液体对水20倍以上，浇灌土壤即可使微碱性土壤逐步变为微酸性。

32. 除矾肥水外，还有什么方法可以改良盆土酸碱度？

答：可直接应用1∶180～200倍浓硫酸亚铁浇灌，或1∶50～60倍浓硫酸铝水溶液。也可用适量硫磺粉改善。但效果均比矾肥水差一些。

33. 应用河水、塘水浇灌凤梨类花卉有什么优缺点？

答：河水、塘水、湖水、雨水等，只要未经化学物质污染，是理想的浇灌花卉用水。这些水接触空气及阳光光照等时间长、接触面大，水温与自然气温温差小，好气性有益菌类含量多，矿物质营养易分解，为其优点。需要水泵、电源或原动机、压力罐等抽水设备，一次投资较多为其不足。

34. 深井水、自来水能直接浇灌凤梨类吗？

答：深井水、泉水接触阳光、空气少，水温低，与自然气温之间温差大，含有益菌类少，营养物质分解慢。自来水通过水厂多种处理并投施一定量的杀菌剂，且由地下输送，水温与自然气温温差大。这些水直接浇灌盆花，会使土温急剧降低，影响根系的正常生理活动，对生长发育不利。最好先放入水池或其它容器晾晒后再浇灌。如果有压力罐、水塔等设施，或通过地下浅层或地表较长一段流动，水温上升，减小温差，也可直接浇灌。

35. 栽培的凤梨经常喷水，叶片出现灰白色污物，怎样彻底解决这种现象？

答：这种情况多发生在用深井水或将要枯竭的井、塘、池等浅水位的水，水中一些矿物质含量较高，当水喷洒在叶片上，矿物滞留并积累于叶片上。喷淋次数很少尚能擦拭去除，一旦久留叶片，很难去除。需反复多次才有去除效果。解决的办法，可在供水管道上安装净水过滤装置，彻底解决这一难题。全套设备在大型花卉市场及园林机械设备工程公司有售，并能组织技术人员进行安装。家庭中可购买纯净水喷洒。

36. 果蔬观赏采摘园温室中，能否栽培菠萝，如有可能怎样实施？

答：菠萝喜不很强烈的直射光照及通风良好，在22～30℃高温、高湿环境中生长良好，冬季最好不低于12℃。喜疏松肥沃、排水良好的土壤。

(1) 平整翻耕栽培场地：

平整翻耕前，将温室内的供暖、供水等固定设施进行一次检修。如需要新增设施，也应此时进行。并将场地内杂草杂物清出场外，做适当处理。按栽植场地进行规划并定点放线，预留出人行及养护操作通道。栽植场地内每平方米施入经充分暴晒干透的腐熟厩肥3～3.5千克，并掺入适量腐叶土。腐叶土的加入量依据土壤通透性而定，通透性较好或沙壤土加入3～3.5千克，密度较高、黏性较强的土壤，适量增加加入量。除预留位置不翻耕外，栽培场地翻耕深度不小于25厘米，并将肥料均匀分布于土壤中。土壤pH值大于7.5时应适量加入硫酸亚铁或硫磺粉调整至6～7之间。整体耙平压实，并做成0.2%～0.3%坡度。纵向（南北向）垂直开沟，沟与沟间不小于35～50厘米，为栽培养护方便，每4～6沟叠一宽30厘米左右高畦埂。畦埂顶部耙平压实，以便养护时踩踏。

(2) 栽植：

因品种不同，株高与冠幅有差异，株距35～50厘米。土球苗可直接栽植。裸根苗应将根系用沙壤土或细沙土保护，不使根系与肥料接触。并使幼苗直立，四周压实。苗的强弱、高矮选择基本一致，如差别较大，应北高南低，健壮苗与健壮苗栽植在一起，弱苗与弱苗栽植在一起。最后整体刮平。

(3) 浇水：

栽植后即可浇透水，待水渗下后检查有无因压实不均而造成下陷。坑洼不平的地方及小苗出现倒伏不正，应及时填平及扶正。以后保持畦土湿润，不积水、不过干。

(4) 追肥：

生长期间每隔20～30天追液肥1次。应用无机肥对水成浓度3%～5%浇灌。宜前期淡后期浓，前期以氮肥为主，中后期以磷钾肥为主。选用埋施时，通常为距植株15厘米左右开沟，沟深10厘米左右，将肥料撒入沟中后原土回填，耙平压实，浇透水。

(5) 中耕松土除草：

发现土表板结、肥后浅中耕松土，保持土表疏松通透。除结合中耕除草外，发现杂草及时薅除。

(6) 其它养护：

生长期间只要适温或高温，适光条件下全量通风。空气湿度不足时喷水或喷雾。花期需有直射光照，最少在早晨或傍晚有4～5小时直射光。果实成熟后及时更新。

建议：北方在温室内栽培菠萝，从经营方面考虑造价较高。如有条件在南方产地用容器栽培成半成品或成品苗，利用现代运输方便快捷的优点，将苗运到后栽植展出，会有更大经济效益。

37. 怎样自制腐叶土？

答：于秋季，选通风光照良好、不妨碍生产的边角地，按需要用量多少确定面积并平整夯实。叠圈土埯，埯内垫一层约10厘米左右厚细沙土，再叠一层约40厘米左右厚落叶或枯草，稍压实。随之土埯增高。再填一层厩肥或禽类粪肥或人粪尿，再填一层落叶，落叶上仍填肥料，依次堆至1.2～1.5米高，随填随喷水，最后用壅土或塑料薄膜封严。翌春化冻后，掀开覆盖物由一侧倒垛，翻拌均匀仍堆放整齐，覆盖塑料薄膜压严。每月余倒垛1次，直至落叶变为黑褐色碎末状，除去塑料薄膜。肥堆表面发生大量杂草时，说明已经充分腐熟。过筛后充分暴晒干透，装袋置防雨场地待用。此种称为有肥腐叶土，沤制时不加肥料称无肥腐叶土。

38. 多年堆积的锯末、刨花、木屑、树皮已经呈黑灰色粉末状，能够代替腐叶土吗？

答：上述物质很可能是木材加工厂、竹木家具加工厂多年堆弃的废弃物。收集前最好观察一下四周环境，有无化学污染的可能性，如化工厂、化工仓库等的废弃物，道路溶雪剂等堆放在一起。确认无其它污染物后，运回园艺场，经一次粉碎后，仍需加适量清水继续堆沤至全部充分腐熟后即可作为无肥腐叶土应用。如需要沤制成有肥腐殖土时，于运回粉碎后按上问沤制腐叶土方法层积沤制，肥料充分腐熟后即可应用或贮藏。

39. 多年堆积的谷壳、麦秸、禾秆能够用作容器栽培土壤吗?

答：这些物质为农村晒谷场、粮库等场地多年堆弃的废料。一般情况受化学污染的可能性很小。如果堆积物上已经有杂草发生，可经过筛后直接作无肥腐叶土应用。如果尚无杂草发生或零零星星有杂草时，应经过筛，将砖瓦石砾去除，运回后再次加水或加肥堆沤，即为良好腐叶土。其中加水沤制者为无肥腐叶土或称素腐叶土，加厩肥、禽类粪肥或人粪尿沤制的，为有肥腐叶土。

40. 多年堆积的食用菌棒已经散碎，但含有不少塑料薄膜碎片，能够用作栽培土壤吗?

答：食用菌棒是由棉籽壳、玉米棒、树皮等材料经粉碎、高温消毒灭菌后压制而成的，为良好的腐殖材料。塑料薄膜袋原为防菌侵害及保温而设制的保护层。虽然能分解，但需要较长一段时间。作为花卉栽培，应用前应将塑料膜过筛去除，筛除后加入适量园土、细沙土、腐熟肥料后才能应用。常用量可参考普通腐叶土。

41. 观赏温室怎样在枝干上移栽凤梨类小苗?

答：为仿效自然生态景观，将附生类型凤梨固定于大树或一些建筑物上，可选用棕绳、麻绳等将凤梨根盘处捆绑于设定的位置。捆绑前先捆垫一层棕榈皮或蕨根，将根盘稳固地捆绑树枝等上，并应考虑叶筒内储水后的重心，以免产生倾斜甚至倒伏，造成根盘及根的损伤。将根四散分开加以固定，使其各起到支、撑、拉的作用。固定好后即向叶筒内灌满水，并向植株及垫附物喷水。每日喷水或喷雾2～3次，保持树皮及垫附物潮湿，相对空气湿度不低于75%。恢复生长后，每10～15天向叶筒内及根的垫附物上喷或灌无机肥1次，浓度应对水成0.3%～0.4%。叶筒内水分混浊时及时更换，有污物及时排除。保证生长及休眠室温。按时通风，炎热天气加大通风。只要养护不失误，即能良好生长。

42. 怎样用槟榔瓢、葫芦、厚树皮、断枝等悬挂或附于墙壁上栽培凤梨类观赏花卉？

答：槟榔瓢及葫芦只是追求艺术的一种栽培容器，而树皮则为植株依附的承重载体板。板上设悬挂孔或吊环，接触根盘及根系部位垫棕榈皮，将植株固定于树皮或断枝上。槟榔瓢、葫芦应设有排水孔、栽植孔、通气孔及吊环。栽植、栽培养护按常规进行。

43. 在一些书刊里记载应用乙炔促花，是真的吗？怎样应用？

答：据黄智明老先生编写的《珍奇花卉栽培》一书中写道，如要促使自然花期以外的时间开花，可利用电石10克加1000毫升清水，将此溶液灌入叶筒中，以后自然产生乙炔气体，使能在以后几个月内再开花，以达到控制花期的目地。另外，苹果、瓜类在成熟过程中也会产生乙炔，可利用这类方法促使开花。应该提醒大家，利用乙炔促使开花只有凤梨一种。例如将1～2盆成龄凤梨植株同2～3个生苹果放在一个塑料薄膜罩中，苹果成熟过程中释放乙炔气体被凤梨吸收，即能提前开花。

44. 一些叶片基部为筒状储水容器的凤梨可以用无机肥吗？怎样应用？

答：无机肥即化肥，属速效肥，营养元素单一。施用后在短短几天内即可见明显效果，但消失得也快。常用量为对水成浓度0.3%～0.5%，有些种类可增至1%～2%。为防止肥害，最好为薄肥勤施，不宜使用过浓肥液浇施。

45. 在凤梨的叶筒内施有机肥是否会造成叶片腐烂？

答：有机肥沉积物较多，肥效慢、肥效长。应用前先将肥液搅拌对水，待一些较大的颗粒沉淀后，选用上面的清液浇灌，发现滞留于叶片时，及时清洗。

46. 怎样邮寄凤梨类小苗？

答：邮寄幼苗最好在春季自然气温不太高的时间。寄前停止浇水喷水，并将叶筒内水排除。无明水后，将根部用微潮的包裹物保护好，叶片稍作捆拢。直立装箱时挤严，不使互相产生摩擦，并于箱外设立向上的印刷标志。放倒装箱时，最好装1～2层放一层瓦棱硬纸，并用碎泡沫块挤严，以防搬动或运输中摇动损伤叶片。运到后及时开箱通风。

47. 怎样长途运输凤梨成苗？

答：凤梨需要直立运输，尽可能利用集装箱的空间，纸箱规格很关键。待运的凤梨应适当控水，运输车内的温度控制在10℃以上。在运输过程中，纸箱底部应铺一层薄膜，避免水直接触到纸箱。选择质量好的纸箱，避免纸箱不牢固而出现产品互相挤压现象。除此之外，还应在纸箱四个角和中间支上木棍或竹片，支撑集装箱内纸箱之间堆放的重量，防止纸箱被挤压变形。木棍或竹片用胶带固定在纸箱上即可。装车时装前卸后。运到后及时开箱通风。

48. 怎样在花卉市场选购凤梨成苗？

答：在购买成品凤梨盆花时，除了选择那些株型丰满、对称、叶色健康有光泽、无损伤无病虫害、苞片色彩艳丽的植株之外，还要特别注意，尽量选择那些小花未开的植株，这样的植株刚具有观赏性，购买回来后观赏时间延长。

49. 春季在农贸市场外，一些花卉游商栽有凤梨类大苗出售，但未开花，能够选购吗？

答：市场外游商供应的大苗，多数是大型园艺场淘汰苗，种或品种多数没问题，但多数是株形不端正，或某一部位组织有伤痕的残次品。继续栽培多数可良好生长开花，但作为观赏不够完美。如果为继续栽培下去作为观赏，还是应到正规园艺场、花圃、大型花卉市场选购正品苗。

50. 凤梨类夏季在浓荫下能够良好生长吗？

答：凤梨类少数喜充分明亮光照，部分种类能在直晒下良好生长。光照不足生长势弱，不能正常开花。生长期间，在浓荫下不能正常生长。但幼苗期较耐阴，能应用这种场地繁殖，及幼苗时段栽培。

51. 夏季荫棚下如何栽培凤梨？

答：荫棚需有充足明亮光照及防雨设施。多数凤梨类栽培设有栽培床架，故棚的高度不能过矮，通常以2.6～2.8米为最好。棚下通风较好，水分可蒸发，应增加喷水、喷雾及浇水、灌水次数，其它均为常规栽培养护。因种类不同要求温度不同，故凤梨从温室移到室外荫棚下栽培时，自然气温应稳定在15℃以上，入秋最低气温低于12℃即入房。

52. 在校专业学生为练习栽培技艺，在家中无加温设施的简易温室中栽培凤梨类，能够安全越冬吗？

答：阳光温室墙体及屋顶均应设有防寒层。通常墙体外侧或夹在墙体中间有15～20厘米厚塑料薄膜板或塑钢板，墙体总厚度不小于50厘米。屋面板与保护层间同样加防寒层。采光面上有可卷可落的保温被，每天上午9:00卷起，下午5:00前覆盖。出入门处设避风阁，并设棉门帘。冬季夜间室温能保持在12℃以上，白天晴好天气能达到20℃左右。阴雪天气室温下降较多，一些耐寒种类可安全越冬，但需保持盆土稍偏干。春季升温较慢，实际等于加长休眠期，翌年长势也慢。既然已建立温室，建议还是增加加温设施，以防万一。

53. 家住盐碱地地区，用桶装饮用水浇灌朋友赠送的几盆凤梨，是否可行？

答：目前一些盐碱地区生活饮用水均由水厂通过自来水方式提供。可用试纸进行测试后适量增加硫酸亚铁，达到微酸性至中性即可应用。应用饮用桶装水虽然较好，但造价太高，不够经济。

54. 盆栽凤梨土面裸露，观赏效果有些不足，能否用矮小苔藓或蕨类植物遮盖土面？

答：附生类凤梨根系原本就暴露于潮湿空气中，需要接触大量空气，作为容器栽培将根埋于土壤中，已经减少了与空气的接触，如果在这窄小的空间中再栽植其它植物，不但争夺土壤中养分，还将土表封闭一大部分，使凤梨类接触空气机会更少，不可能正常生长。因此还是不要在盆面栽培苔藓或蕨类。土面裸露可用小白云石或小卵石覆盖，也可提高观赏效果。

55. 容器栽培凤梨用碎石遮掩土面可以吗？

答：为看上去更美观、更洁净、更有情趣，容器栽培花卉用白云石、彩色八厘石等建筑材料覆盖土面，为目前应用较广的方法。通常于土面铺满，厚度约1厘米，看上去清洁卫生，光亮整齐，保湿保通透。由于碎石类通透性好，不影响气孔空气交换，也不影响水的下渗，不会产生积水，应该是其优点。但铺设随时间延长，会落有灰尘，使其颜色变暗甚至变脏，另外追肥时也会沾染，且不易清除，再者脱盆换土时，旧土与碎石混在一起，不易由土壤中清除出去，应属不足之处。

56. 凤梨类陈设期如何养护？

答：凤梨类观赏期较长，陈设期间应精心细致养护，按时补充水分，保证叶筒内有水，土壤偏湿。发现叶片有污尘，应选用棉球或棉织品擦拭，擦拭不易用力过猛，要轻擦轻洗。每天向叶片喷水或喷雾，保持空气湿度。依据陈设的品种注意室温，室温过低时应采取防寒措施。凤梨类多数在陈设时较耐阴，但有条件在半阴的明亮环境中陈设养护，使陈设观赏期更长。陈设期间通常不追肥。

五、病虫害防治篇

1. 叶斑病怎样防治？

答：叶斑病发生在凤梨叶片上，病斑初期为褐色斑点，扩展后病斑呈圆形至椭圆形，内灰褐色，边缘红褐色，后期病斑干枯，其上着生黑色粒状物，在病残体或随之到地表层越冬。

防治方法：

(1) 及时除去病组织，集中烧毁。

(2) 增加叶面喷水，保持叶面清洁湿润。

(3) 治理介壳虫危害，可喷洒1500倍液的溶杀蚧螨杀虫剂。

(4) 定期喷洒25%瑞毒霉可湿性粉剂1200倍液，或50%敌菌灵可湿性粉剂700倍液；40%福星乳油7000倍液；25%多菌灵可湿性粉剂300～600倍液；80%代森锌400～600倍液；505克菌丹500倍液等。要注意药剂的交替使用，以免病菌产生抗药性。

2. 叶枯病怎样防治？

答：多发生于凤梨叶片上。发病初期在叶片上产生淡黄色至淡褐色圆形或椭圆形小斑点，围有青紫色边缘，在潮湿环境下，斑点很快覆有一层灰色霉层，病斑干后变薄、易碎裂、透明，通常呈灰白色，严重时会全叶枯死。

防治方法：可用25%多菌灵1000倍液喷雾防治；75%百菌清可湿性粉剂600倍液，每15天左右1次，连续3～4次即可防止发病。

3. 褐斑病怎样防治？

答：凤梨褐斑病初发病时为大小不一的紫褐色小斑点，以后变为褐色并逐步扩大，而后中心变为灰色，并出现小黑点，叶色变黄，进而枯焦，严重时全株枯死。

防治方法：

(1) 及时除去病组织，集中烧毁或深埋。

(2) 药剂防治：发病初期喷洒25%的粉锈宁可湿性粉剂1500倍液，30%灰斑王500～600倍液，20%苯扬粉500～600倍液，40%多硫悬浮剂700～800倍液，70%甲基硫菌灵可湿性粉剂500～600倍液，75%百菌清可湿性粉剂1000倍液，80%炭疽福美可湿性粉剂800倍液。以上药剂交替使用，间隔5～7天用药1次，连续2～3次即可。

4. 灰霉病怎样防治？

答：凤梨类叶片上产生黄绿色至暗绿色水渍状斑点，并逐渐扩大，潮湿时引发腐败，病斑处产生灰色至茶色霉层，干燥后褐色干枯。高温、高湿易发病。

防治方法：

（1）防止灰霉病发生采用避雨栽培法，雨后及时排水，防止湿气滞留。发现病叶、花穗，要及时剪除，小心地放入塑料袋中，集中深埋或烧毁。注意加大通风量，使其远离发病条件。

（2）药剂防治方法：发病初期喷药可选用：25%使百克乳油800～900倍液；50%灭霉灵可湿性粉剂800倍液；40%施佳乐悬浮剂1200倍液；28%灰霉克可湿性粉剂800倍液；30%大力大悬浮剂900倍液。

5. 锈病怎样防治？

答：凤梨类锈病发病初期，叶片上产生橙黄色的小斑点，扩大后病斑黄褐色边缘较淡，有一黄绿色晕圈，病斑上有针头大小的黄色小颗粒，以后变黑，病斑逐渐变厚，向背面隆起，正面凹陷，隆起处长有白毛造成叶片干枯。

防治方法：

(1) 杜绝和减少病源：防治转主寄生的锈病。生长季经常除去病枝叶集中处理，可减少菌源。

(2) 加强养护管理：改善植物生长环境，提高抗病力。增强土壤通透性，提高土壤肥力，科学施肥，多施腐熟有机肥和磷钾肥，不偏施氮肥。加强通风，降低棚室内湿度。

(3) 药剂：初期喷洒40%氟硅唑乳油8000倍液或25%粉锈宁可湿性粉剂1000～1500倍液；45%结晶石硫合剂300～500倍液；75%代森锰可湿性粉剂500倍液；70%甲基托布津1000倍液；25%三唑酮1500倍液；12.5%的烯唑醇3000～4000倍液；25%敌力脱1000～4000倍液；25%福星5000～8000倍液；50%雷能灵1000～2000倍液。

6. 怎样防止凤梨日灼病发生？

答：

(1) 适当遮荫，可适当调换植株的位置。

(2) 夏季高温时，多向叶面喷水或增加浇水次数。

(3) 发病后可喷植物生长调节剂，使其尽快恢复。

7. 怎样抑制凤梨病毒症病情？

答：

(1) 及时淘汰病株，减少侵染源。

(2) 花盆放置距离适当，防治叶片相互摩擦，而导致病毒传播。

(3) 切忌用带毒种苗做繁殖材料。用于分株的刀具应每新分1株，消毒1次。

(4) 喷3%莫比朗乳油1500倍液，或40%乐果乳油1000倍液，消灭传毒蚜虫。

(5) 必要时喷洒3.85%病毒心克可湿性粉剂700倍液，或7.5%克菌灵水剂700倍液。

8. 凤梨上发生吹棉蚧怎样杀除？

答：少量发生时，通常用人工防治，即用刷子刷去虫体，再用水冲洗干净。

药剂防治最好掌握在虫体表面蜡质介壳尚未形成的若虫孵化盛期进行，这样容易杀死虫体，可提高防治效果。药剂可选用：水胺、硫磷1000倍液；20%杀灭菊酯1500～2000倍液；40%氧化乐果1200～1500倍液，每隔1周喷1次，喷2～3次。如果发生比较严重，要用人工和药剂相结合的方法防治，即先用刷子刷除介壳，然后再用上述药剂喷洒，这样效果更加明显。

9. 怎样防治介壳虫？

答：介壳虫危害后植株叶片上呈黄褐色斑点，并逐渐枯萎。防治用氧化乐果1000倍液喷施；乙酰甲胺磷1000倍液喷施，喷施部位以叶背为主，每15～20天1次，连续3次，即可完全防治。少量可人工用指甲把其刮除。

10. 发现红蜘蛛怎样杀除？

答：凤梨被红蜘蛛危害后，叶片出现萎黄现象，肉眼可见许多红色小点布满叶背。危害严重时，整株会完全失去光泽。可用40%三氯杀螨醇乳油1000～1500倍液，73%克螨特乳油2000～3000倍液，50%尼索朗乳剂1500倍液，15%哒螨酮乳油2000倍液，每半个月喷1次，进行防治，连续2～3次即可达到较好效果。

11. 蓟马危害怎样杀除？

答：蓟马生活在凤梨的花蕾、叶腋内，这些地方往往是喷药的死角，所以喷药时要注意这些死角。在选择农药时，最好选用有内吸蒸腾作用的药物，喷药时间选在3月上旬蓟马开始活动时。5～6月份，新芽生长期以及花蕾期各喷2次，中间隔1星期。冬季喷药还要注意土缝，以杀死越冬蓟马。药物可用：40%氧化乐果800～1000倍液，2.5%溴氰菊酯5000～6000倍液喷洒。

12. 怎样杀除鼠妇？

答：鼠妇喜阴暗潮湿的环境，防治时用些草帘、稻草等物件，保持相对潮湿即可。还可在阴暗角落地上挖一个坑，放入一个塑料杯，杯口与地面持平，在杯中放入少许水果，一夜即可诱及大量鼠妇。喷洒40%地亚农乳油1200～1500倍液，50%辛硫磷乳油1200～1500倍液，或50%西维因可湿性粉剂500～800倍液杀除。

13. 窗台花盆下常有蚂蚁爬来爬去，怎样彻底杀除？

答：在花盆内常见的蚂蚁有普通黑蚁、黄土蚁及厨蚁3种，几乎全国各地均有分布。常在花丛基部及盆底孔处筑巢或在土面堆成小土堆。其中厨蚁在土面下筑成一条条小隧道。另外蚂蚁与蚜虫、介壳虫共生，吸食它们排泄的蜜露。危害花卉的根、芽及铺地叶片。

防治方法：

(1) 脱盆换土。

(2) 在距花盆30～100厘米处放置点心渣、面包、馒头、米饭等诱杀。

(3) 喷洒90%敌百虫晶体1000倍液，20%杀灭菊酯300倍液，或80%敌敌畏乳油1000～1200倍液杀除。家庭条件可选用市场供应的灭蚁、蝇杀虫剂，直接喷向蚁窝及土面效果也好。

六、应用篇

1. 在写字楼一层大堂怎样陈设凤梨盆花？

答：大堂陈设多数以花坛、花带方式出现。摆设花坛时应选高大品种摆在中心，依次将矮生的向四周接着摆下去。摆设时注意花色分配及品种分配，1个品种、1种相同的色彩组成花坛，才不会显得杂乱。一个花坛品种花色也不要过多，习惯上不多于4个品种、4～5种花色。布置花带时，应后边高前边低，品种花色也不能过多，2～3个品种就不少了。除此之外可多株组合成大盆，或大型品种植株可独立陈设于墙边、墙角、门旁，不妨碍人们工作及活动的空间，以及会客厅处。中小型品种可摆放于前台、布置花槽或与其它花卉、花木组景。如有条件也可组织凤梨品种展，以丰富生活内容。

2. 凤梨类怎样应用于花槽？

答：花槽是建筑装修时设置的，是以建筑物为背景栽植花卉、增添景观的设施。可选用带盆组合，也可脱盆栽植。但为了便于更换新株，所以以带盆陈设者较多。习惯上靠两外侧栽植或带盆摆放1～2排小藤本花卉，如常春藤、绿萝、黄金葛、蟛蜞菊、天冬草等，也可用时令花卉布置，中央一排栽植或摆放中小型种类凤梨。

3. 在宣传牌下怎样应用凤梨装饰?

答：多用于室内宣传牌下摆放，通常摆放1～2排，高度不能档宣传内容为准。并且于凤梨类盆外摆设一排矮生时令花卉作保护。

4. 能不能组织凤梨专类花展?

答：凤梨类品种繁多、千姿百态，组织专类花展应该没有大的问题。但有部分品种应做促成或延迟花期栽培，以使参展种类花期集中一致。展出的同时还可组织菠萝宴，现场加工菠萝汁、制作罐头，观赏与食用相结合，增添一些活动内容。

5. 室内走廊怎样应用盆栽凤梨装饰?

答：走廊是人们行走活动的地方，通常不很宽畅，要摆放花卉多数可于走廊两侧墙壁上或柱上设摆放花卉的支架，将花盆放在支架上，既增添景观，又不妨碍人们活动。

6. 凤梨类在会议室怎样应用?

答：会议室应用有两种情况：一种为大型会场摆放在边角花架上、窗台上或前台主讲桌前；另一类陈设多用于小会议室，有圆形会议桌多数将凤梨单株组合成多株大盆，然后摆放于圆桌中央，摆放数量应依据圆桌中央空间的大小而定，可以是一盆或多盆。

7. 怎样鉴赏凤梨类花卉?

答：凤梨种类繁多、形态多样、株形规整、生长繁茂，花及叶均有观赏价值。每当数九寒天、大雪纷飞的季节，姹紫嫣红、五颜六色、争奇斗艳、花色艳丽的凤梨摆满大型花卉市场。摊位上筒凤梨叶片下部变红，上部变绿，有如翡翠杯中盛满红酒，颇有醉人之意，似杜鹃歌喉为情滴血。那花穗如箭的扁扇凤梨，由叶丛中直冲云霄，挺拔刚劲，亭亭玉立，红的黄的有如火焰，端庄规整而不失潇洒。还有那些有如礼花的品种，花开宛若礼花布满天空，让人更觉奇丽。

在不太宽裕的花架上还挂有空气草，形态奇特地轻轻摇荡给人以静中有动的感受。那绿色的叶有如水晶碧绿，那花红得比朱砂还红，比朱砂还亮，黄的如锦缎，比锦缎更耀眼更柔亮，粉的更加妩媚可爱。还有一个叶片、一箭花多种颜色，一朵花2种颜色，红黄争辉、色彩分明，更引人留步细赏。

8. 凤梨在办公室怎样布置?

答：目前办公室多数空间不大，多摆放在边角花架上或窗台上。由于光线较好，特别是南面窗台光照较好，通常亦可栽培与观赏。

9. 家庭环境怎样陈设凤梨?

答：家庭环境，由于场地及各方面限制，栽培与陈设往往合为一体。除特殊布置小客厅外，多数摆放在窗台或临近窗台的桌子上或花架上。由于光照较好，栽培与摆放相结合。家庭环境养花宜优不宜多，少则雅、多则乱，通常一室3～5盆足矣。室雅何须大，花香不在多，增添静雅情趣。

10. 凤梨类怎样与其它花卉组合盆栽?

答：在组合盆栽时，所选择的花卉习性必须相同或接近，以利于成活与管理，否则有的种类容易死亡。如果是以观赏凤梨为主体，由于凤梨的观赏花期比较长，所以搭配的其它植物的观赏期也要求比较长为好。

11. 凤梨类属间、种间、品种间怎样多株组合成大盆?

答：凤梨类属间、种间、品种间株高、冠茎、叶形叶色、 花柄高矮、花序形状、花色均有不同，故在属间、种间、品种间多样多株组合时，首先应考虑株型大小、高矮、花箭长度等。习惯上光萼荷类高大种类放置于组合的中央位置，最外一轮为最矮小的，中间各轮由外向内渐高。由一侧观赏呈坡面，整体为扁的半球形。组合时还应注意花色及叶色的分配，使整体协调。组合上盆时，先将最大最高的一株放在中央，稳好后栽植第二轮，最后栽植最外轮植株。

12. 展览温室怎样布置凤梨类?

答：展览温室展出时有两种情况，一种为带盆布置，另一种为脱盆栽植。带盆布置与脱盆栽植方法不同，但空间利用没有什么不同。通常有硬地面或需要常移动位置时，多为带盆摆放。习惯上为追求自然，多数选用脱盆栽植。栽植可按现场实际情况或按设计图纸掘穴脱盆栽植。栽植或摆放要片植、列植、丛植、孤植同时出现，或悬于墙面、山崖、树皮等处，求其带点野味的自然美。

13. 四季厅怎样布置凤梨类?

答：四季厅应用与展览温室基本相同，因摆放数量不多，又需经常更换，故习惯上常选用不脱盆，掘穴连同花盆一同埋于布置场地中。如为硬地面，则带盆摆放。为求高雅，陈设用容器多选用瓷盆。

彩叶赪凤梨

赪凤梨

果子蔓‘红星’

铁兰	铁扇
黄苞虎纹凤梨	虎纹凤梨

长穗紫凤光萼荷

垂花水塔花

斑叶红凤梨

水塔花

丽穗凤梨

果子蔓

珊瑚凤梨

空气草

歧花鹦哥丽穗凤梨

紫背长穗光萼荷